동물조련·사육사
어떻게
되었을까
?

꿈을 이룬 사람들의 생생한 직업 이야기 29편
동물조련·사육사 어떻게 되었을까?

1판 4쇄 펴냄 2023년 11월 17일

펴낸곳	㈜캠퍼스멘토
저자	박선경
책임 편집	이동준 · 북커북
진행 · 윤문	북커북
디자인	㈜엔투디
커머스	이동준 · 신숙진 · 김지수 · 김연정 · 강덕우 · 박지원 · 송나래
교육운영	문태준 · 이동훈 · 박홍수 · 조용근 · 정훈모 · 송정민
콘텐츠	오승훈 · 이경태 · 이사라 · 박민아 · 국회진 · 윤혜원 · ㈜모야컴퍼니
관리	김동욱 · 지재우 · 윤영재 · 임철규 · 최영혜 · 이석기
발행인	안광배

주소	서울시 서초구 강남대로 557 (잠원동, 성한빌딩) 9층 (주)캠퍼스멘토
출판등록	제 2012-000207
구입문의	(02) 333-5966
팩스	(02) 3785-0901
홈페이지	http://www.campusmentor.org

ISBN 978-89-97826-49-0(43490)

동물조련·사육사

어떻게

How did they become
animal trainers & animal keepers?

되었을까?

CampusMentor
캠퍼스멘토

"도움을 주신
동물조련·사육사들을
소개합니다"

강시우 훈련사

- 현) 시우스쿨링 (반려견 유치원 및 가정방문교육) 대표
- 전) 2018 평창올림픽 탐지견핸들러
- 전) 롯데타워 대테러팀 폭발물 탐지견핸들러
- 전) 인천 경찰특공대 탐지팀 경찰견핸들러
- 한국애견협회 KKC 공인 반려견 지도사 1급 자격증 취득
- 한국애견연맹 KKF 공인 애견핸들러 자격증 취득
- 한국애견협회 KKC 반려견스타일리스트 자격증 취득
- 건국대학원 동물매개치유학과 석사과정
- 서울문화예술대학교 반려동물학과 졸업
- 우송정보대학 애완동물계열 졸업
- 고양고등학교 애완동물관리과 졸업

강건희 사육사

- 현) 베어트리파크 동물팀 팀장
  2011년- 베어트리파크 부장 승진
  2009년-베어트리파크 개장과 함께
  동물팀 팀장으로 발령
- 전) 송파농산 비단잉어사육사로 입사
- 우송대학교 기계공학과 졸업
- 1999년 국내 비단잉어 품평회 대상 수상

김원섭 조련사

- 현) 제주 화조원
- 대경대학교 동물사육복지과 졸업
- 제12회, 13회 대구펫쇼 동물 전시 및 관리 진행
- 제6회 도시농업박람회 동물 전시 및 관리
- 제14회 대구 어린이 대잔치 동물 전시 및 관리
- 스쿠버다이빙 어드밴스 자격증 취득

배주성 사육사

- 현) 애니멀 뮤지엄 The Zoo 파충류 사육사
- 전) 악동애니멀힐링카페 전 개체 총괄
- 전) ㈜ 쥬라기, 쥬라리움 파충류 담당
- 전) 대전 아쿠아리움 파충류 담당
- 전) 제이렙타일 파충류 담당
- 서울호서직업전문학교 애완동물과 졸업
- 특수동물관리사 자격증 취득
- 관상어관리사 자격증 취득

양인혁 조련사

- 현) 부산경남경마공원
- 전) 장수육성목장 - MJ 트레이닝
- Richmond TAFE NSW 이수 certificate2
- 축산기능사 자격증 취득
- 한국축산경마고등학교 말산업과 졸업

문규봉 사육사

- 현) 한화 아쿠아플라넷 일산
- 전) 제주 퍼시픽랜드
- 대구 허브힐즈, 경주목장 실습과정
- 대경대학교 동물사육복지과 졸업

이 책의 구성

Chapter 1

동물조련·사육사, 어떻게 되었을까?

Chapter 2

동물조련·사육사의 생생 경험담

Chapter 3

예비 동물조련·사육사 아카데미

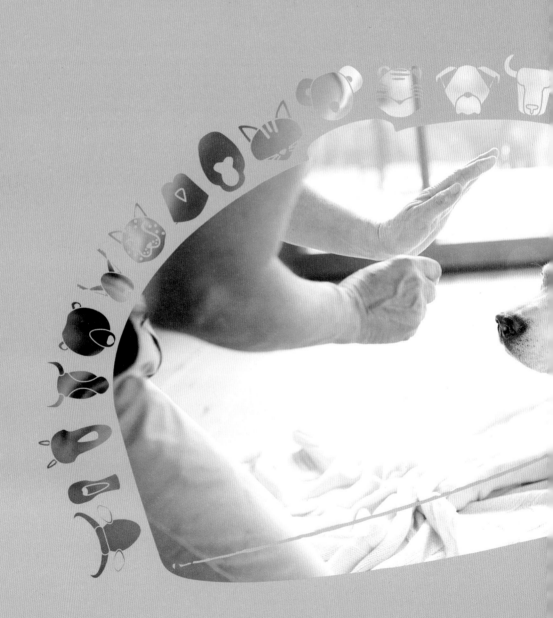

CHAPTER

|1|

동물조련·사육사,

어떻게
되었을까
?

동물조련·사육사란?

—

동물조련·사육사는

동물을 돌보고 새끼를 번식시키는 일뿐만 아니라
동물들을 훈련시키거나 운동시키는 일을 한다.

동물조련사는 동물원의 동물을 사육·관리하거나, 공연이나 인명구조, 맹인안내 등 특수한 목적을 위해 동물을 훈련시킨다.

동물사육사는 동물원, 곡마단 등에서 호랑이, 코끼리, 원숭이, 새 등의 동물을 돌보고 관리한다.

출처: 워크넷

동물조련·사육사가 하는 일

1 동물조련사가 하는 일

- 물개, 돌고래, 개, 원숭이, 말, 사자 등 조련할 동물의 특성에 대하여 학습하여 동물의 성격을 파악한다.
- 조련할 동물의 특성과 훈련 목적을 토대로 동물 훈련계획을 수립한다.
- 채찍이나 호루라기, 먹이 등을 이용하여 반복적인 훈련을 실시한다.
- 공연 시 동물이 각종 행동을 취하도록 유도한다.
- 동물의 건강상태를 파악하고, 이상이 있을 경우 수의사에게 알린다.
- 조련하는 동물을 사육하거나 돌본다.
- 일정한 간격으로 동물에게 먹이를 주며 사육장의 청결상태를
- 확인하고, 물이나 소독약 등을 사용하여 오물을 청소한다.

출처: 커리어넷

2 동물사육사가 하는 일

- 동물 사육장의 배설물을 치우고 물이나 소독약을 이용해 청소하여 청결상태를 유지한다.
- 동물의 습성을 파악하여 동물에 따라 일정한 간격으로 급식 및 급수한다.
- 동물의 변이나 움직임, 울음소리 등을 관찰하여 건강 상태를 파악한다.
- 이상이 있을 시 수의사에게 보고하며, 진료를 보조해 수의사를 도와준다.
- 동물 관람객의 행동을 감시하고, 질문이 있을 경우 동물에 대하여 설명해 준다.
- 동물시설물을 관리하거나 사파리 내의 동물에 대한 방사, 입사를 관리한다.

출처: 워크넷

동물조련·사육사의 자격 요건

—— 어떤 특성을 가진 사람들에게 적합할까? ——

- 여러 동물들의 특성에 대한 지식이 필요하며 사육하고 관리하는 방법과 기술을 갖추고 있어야 한다.
- 위급 상황 시 수의사에게 알리는 순발력이 필요하다.
- 동물에 대한 애정과 이해가 있어야 한다.
- 오랜 시간과 노력이 필요하므로 인내와 끈기가 요구된다.

출처: 커리어넷

동물조련·사육사과 관련된 특성

- 세심한 관찰력
- 인내심과 끈기
- 신체활동 능력
- 적절한 학습전략 활용하기
- 동물을 사랑하는 마음
- 동물의 교육과 훈련에 대한 지식
- 집중력
- 순발력

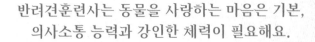

"동물조련·사육사에게 필요한 자격 요건에는 어떤 것이 있을까요?"

톡(Talk)!
강시우

반려견훈련사는 동물을 사랑하는 마음은 기본, 의사소통 능력과 강인한 체력이 필요해요.

동물을 사랑하는 마음은 너무나 당연한 이야기일 것 같네요. 그리고 반려견 교육은 정답이나 교과서가 없어요. 우리가 흔하게 접하는 정보들 중에는 잘못된 정보가 많기 때문에 끊임없이 공부하고 연구하며 다양한 경험을 쌓으려는 개인의 노력이 필요해요. 또한 반려견훈련사는 강아지뿐만 아니라 반려견의 보호자들과도 상담을 진행하기 때문에 보호자님의 어려움을 충분히 공감하고 문제해결을 위한 솔루션을 제안하는 업무에서는 의소소통 능력이 필수적으로 필요하답니다. 또, 가끔씩 덩치가 크고 힘이 센 강아지들의 훈련도 진행하기 때문에 충분한 체력과 강아지를 컨트롤 할 수 있는 자신감이 필요해요.

톡(Talk)!
배주성

파충류 사육사에게는 세밀한 관찰력과 책임감이 필요합니다.

파충류 사육사에게 필요한 자질로는 '관찰력'을 뽑을 수 있겠네요. 동물들의 작은 변화도 알아채기 위해서 반드시 필요한 역량이랍니다. 숨어있는 개체까지도 잘 찾을 수 있는 넓은 시야를 가져야 해요. 그리고 살아있는 생명을 관리하기 때문에 강한 책임감도 필요합니다. 생명을 소중히하고 담당 사육사로서 동물을 끝까지 책임져야 한답니다.

톡(Talk)!
강건희

사육사는 동물을 이해하고 자세히 관찰하는 능력이 필요해요.

동물이 다치고 망가지는 건 한 순간이고 이를 회복하는 데엔 많은 시간이 필요합니다. 이런 일을 미연에 방지하기 위해선 동물에 대한 이해와 세심한 관찰력이 중요하죠. '내일 해줄게'라고 미루지 말고 아무리 힘들어도 오늘 그 동물을 다시 한 번 쳐다보는 자세를 가져야 해요. '이 동물이 왜 이럴까?'라고 항상 의구심을 가지고 보는 자세가 중요하기 때문에 사육사가 되고 싶다면 주변의 동물들을 자세히 들여다보는 연습을 해보기를 추천합니다.

톡(Talk)!
김원섭

동물조련사는 꼼꼼함과 인내심, 의사소통 능력이 있어야 해요.

동물들은 아프더라도 무리에서 도태될까봐 아픈 티를 내지 않는 경우가 있어요. 그래서 동물의 작은 행동 변화를 발견할 줄 아는 꼼꼼함이 필요해요.

또, 동물의 조련과 훈련은 짧은 시간 안에 완성되지 않기 때문에 인내심도 필요해요. 동물과 친밀감을 형성하고 동물이 준비가 될 때까지 기다려주고 이해해주어야 합니다. 그리고 많은 관람객을 만나고 소통하며, 생태설명회도 진행하기 때문에 의사소통 능력도 꼭 필요하답니다. 특히 생태설명회는 참여인원이 적을 수도 있지만 백 명 이상이 될 수도 있어서 많은 사람들과 소통하면서 궁금증을 해소해주고, 동물의 정보를 안내할 수 있어야 해요. 사람이 많을수록 돌발 질문도 빈번히 발생하니까 센스 있게 답변하는 것이 좋겠죠?

말 조련사에게 순발력과 판단력은 필수, 인내심도 필요합니다.

무엇보다 갑작스런 상황이 많이 벌어지기 때문에 순발력과 판단력이 좋아야 합니다. 문제가 발생했을 때 그 문제를 정확하게 판단하고 적합한 방법으로 해결해나가야 하기 때문이죠. 말은 아프거나 어딘가 불편해도 사람에게 말을 할 수 없잖아요. 그래서 꼼꼼하게 관찰하고 말이 보내는 신호를 잘 알아챌 수 있는 눈썰미도 필요해요. 또한 말을 못 하는 동물을 조련한다는 건 생각보다 어려운 일이에요. 조련사에게 굉장히 많은 인내심을 요구하죠. 말과 교감을 하기 위해서 인내심을 갖고 오랜 기간 노력해야 해요.

사육사는 성실함과 책임감 그리고 관찰력이 필수로 있어야 해요.

담당하는 동물이 건강하게 생활할 수 있도록 사육하기 위해선 동물에 대한 전문 지식도 있어야 하고 부지런해야 합니다. 내가 키우는 동물들을 위해서 희생도 감수할 필요가 있죠. 담당 동물들을 위해 노력하는 책임감도 있어야 합니다. 모르는 정보가 있으면 찾아보고 배우기 위해 노력해야 하며 더 나은 사육 정보가 있으면 습득하려는 배움의 자세가 필요하죠. 가장 중요한 것은 바로 관찰력이에요. 동물은 사람처럼 말을 하지 못하기 때문에 동물을 유심히 관찰하고 동물들의 행동을 통해 상태 변화를 빠르게 알아챌 수 있어야 한답니다.

내가 생각하고 있는 동물조련·사육사의
자격 요건을 적어 보세요!

동물조련·사육사가 되는 과정

동물조련사육사가 되기 위해서는 대학 및 전문대학에서 동물(자원)학, 생물학 관련 전공을 하는 것이 업무를 수행하는 데 유리하다. 하지만 반드시 필수인 전공이나 자격증이 있는 것은 아니다. 다만 동물조련사로 일할 수 있는 동물원, 동물훈련소 등에 입사하는 것이 중요하므로, 해당 업무 수행에 필요한 동물의 생활, 행동, 환경 등에 대한 전문지식과 동물 행동 분석 및 조련에 필요한 실무 지식을 갖춰야 한다.

 전공

애완동물과, 자원동물산업과, 수의과, 생물학과 등

 관련자격

축산기능사, 축산기사, 축산산업기사, 가축인공수정사, 축산기술사, 수의사 등

 취업분야

주로 동물 공연이 이루어지는 동물원, 테마파크, 대형 아쿠아리움 등으로 진출한다. 최근 애완동물에 대한 수요가 늘어나면서 애견학교 등이 생겨나고 있고, 구조견이나 맹인안내견 외에도 드라마, 영화, 광고 등에서도 훈련된 동물을 필요로 하는 경우가 늘어나면서 이런 훈련을 전문적으로 하는 업체로 취업할 수도 있다. 다른 직업에 비해서 언어적인 장벽이 낮기 때문에 외국어로 어느 정도 의사소통을 할 수 있으면 해외의 다양한 동물원이나 해양공원으로 진출하기도 한다.

출처: 커리어넷

동물조련·사육사 관련 자격증

■ 국가자격증

◆ 축산기능사

축산기능사는 축산에 관한 숙련기능을 가지고 가축의 생산과 작업관리 및 이에 관련되는 업무를 수행한다. 구체적으로 우유, 육류, 난류와 같은 축산물을 생산하기 위하여 소, 돼지, 닭, 토끼, 양, 벌과 같은 가축을 사육, 번식, 관리하는 직무를 수행한다.

- 시행처 : 한국산업인력공단
- 응시자격 : 제한 없음

- 취득방법

1)검정형

구분	시험과목	검정방법 및 시험시간	합격 기준
필기시험	1. 축산개론 2. 사료작물 3. 축산경영	객관식 4지 택일형 60문항 (60분)	100점 만점에 60점 이상
실기시험	가축관리 및 사양	작업형 (3시간 이상)	100점 만점에 60점 이상

2)과정평가형

◆ 축산산업기사

축산산업기사는 축산에 관한 기술기초이론 지식 또는 숙련기능을 바탕으로 복합적인 기능 업무를 수행한다.

- 시행처 : 한국산업인력공단
- 응시자격

기술자격 소지자	학력	경력
• 동일분야 다른 종목 산업기사 • 기능사 + 실무경력 1년 • 동일종목 외국자격취득자 • 기능경기대회 입상	• 대졸(졸업예정자) • 전문대졸(졸업예정자) • 산업기사수준의 훈련과정 이수(예정)자	• 실무경력 2년

- 취득방법 : 검정형

구분	시험과목	검정방법 및 시험시간	합격 기준
필기시험	1. 가축번식육종학 2. 가축사양학 3. 축산경영학 4. 사료작물화	객관식 4지 택일형 과목당 20문항 (과목당 30분)	100점 만점에 60점 이상
실기시험	축산실무	필답형 (2시간)	100점 만점에 60점 이상

◆ 축산기사

축산기사는 축산에 관한 기술 이론 지식을 가지고 가축의 생산관리, 경영관리 등의 기술업무를 수행한다.

- 시행처 : 한국산업인력공단
- 응시자격

기술자격 소지자	학력	경력
• 동일분야 다른 종목 기사 • 기능사 + 실무경력 3년 • 산업기사 + 실무경력 1년 • 동일종목 외국자격취득자	• 대졸(졸업예정자) • 3년제 전문대졸 + 실무경력 1년 • 2년제 전문대졸 + 실무경력 2년 • 산업기사수준 훈련과정 이수 + 실무경력 2년 • 기사수준의 훈련과정 이수자	• 실무경력 4년

• 취득방법 : 검정형

구분	시험과목	검정방법 및 시험시간	합격 기준
필기시험	1. 가축육종학 2. 가축번식생리학 3. 가축사양학 4. 사료작물학 및 초지학 5. 축산경영학	객관식 4지 택일형 과목당 20문항 (과목당 30분)	100점 만점에 과목당 40점 이상, 평균 60점 이상
실기시험	축산실무	필답형 (2시간 30분)	100점 만점에 60점 이상

출처: 커리어넷

◆ **가축인공수정사**

가축인공수정사는 가축의 인공수정, 생식기 관련 질병의 치료 및 예방, 품종 개량 연구 등의 업무를 수행한다.

• 시행처 : 농촌진흥청
• 응시자격 : 제한없음
• 취득방법 : 1) 축산산업기사 이상의 자격 소지자
　　　　　　 2) 검정형

구분	시험과목	검정방법 및 시험시간	합격 기준
필기시험	1. 축산학개론 2. 축산법 3. 가축전염병예방법 4. 가축번식학 5. 가축위생학	객관식 4지 택일형 과목당 20문항	과목당 40점 이상, 총점 260점 이상
실기시험	가축인공수정실기	작업형	총점의 60% 이상

◆ **말 조련사**

말 조련사는 말의 용도별 조련, 말의 능력향상 등 말 조련에 관한 업무를 수행한다.

• 시행처 : 한국마사회

- 응시자격 : 3급 – 17세 이상

　　　　　　2급 – 3급 취득 후 실무경력 3년 이상

　　　　　　1급 – 1급 및 2급 취득 후 실무경력 5년 이상

- 취득방법 : 필기시험과 실기시험 모두 과목당 100점 만점을 기준으로 각 과목에서 40점이상, 전과목

　　　　　　평균 60점 이상이면 합격한다.

*3급 필기 시험 과목: 마술학, 마학, 말보건 관리, 말 관련 상식 및 법규,

　3급 실기 시험 과목: 마술, 말조련 및 관리실무

출처: 네이버 지식백과 자격증 사전

■ 기타 관련 민간자격증

◆ 핸들러 자격증

　한국애견협회나 한국애견연맹에서 발행하는 자격증으로, 만 16세 이상부터 시험에 응시할 수 있다. 합격 후에는 애견전람회에서 좋은 성적을 내려는 목적으로 애견을 훈련시키는 업무를 수행한다. 개의 식단과 미용, 운동 등과 같은 전반적인 사항을 모두 관리한다.

◆ 애견훈련사 자격증

　애견훈련사 자격증은 3단계로 구분되며, 기본적으로 훈련 분야에서 2년 이상의 실무경험을 갖추어야 한다. 합격 후, 경찰견, 맹인안내견 등을 전문적으로 훈련시키고, 애완견에게 실내생활에 필요한 기술을 가르친다.

출처: 커리어넷

동물조련·사육사의 좋은 점 · 힘든 점

톡(Talk)!
강시우

| 좋은 점 |

좋아하는 일을 통해 즐거움을 느끼고,
전망이 밝다는 장점이 있어요.

제가 생각하는 가장 큰 장점은 좋아하는 일을 하며 시간을 보낼 수 있다는 점인 것 같아요. 다른 직업들에 비해 쉬는 시간이나 휴일이 부족할 수는 있지만, 업무가 일이라고 느끼지 못할 정도로 즐거움이 더 크더라고요. 좋아하는 일을 할 수 있다는 게 가장 큰 장점이에요. 더불어 4차 산업혁명시대에도 반려견 관련 산업은 각광받는 분야 중에 하나이기 때문에 앞으로의 전망이 밝아서 기대가 됩니다.

톡(Talk)!
강건희

| 좋은 점 |

애지중지 키운 곰이 사람들에게 사랑을 받을 때
행복을 느껴요.

동물이 태어나는 순간부터 함께한다는 것이 큰 즐거움입니다. 손가락 만하던 곰들에게 우유를 먹이고, 목욕도 시키며 애지중지 키우고, 어느덧 자라 세상 밖으로 나갈 때 큰 보람을 느낍니다. 그런 곰들이 사람들에게 큰 관심과 애정을 받는 모습을 볼 때가 가장 행복한 때입니다. 특히 아이들이 처음으로 곰들을 보고 신기해하고, 먹이를 주고 즐거워하며 크게 웃는 모습을 볼 때면 이 직업에 대한 뿌듯함과 자부심을 느껴요.

톡(Talk)!
김원섭

| 좋은 점 |
매일 매일이 새롭고, 동물을 가까이에서 만날 수 있어요.

　동물들과 지내는 직업이다 보니 날마다 새로운 경험을 할 수 있다는 게 장점입니다. 동물들도 사람처럼 매일의 컨디션과 행동이 다르다보니 하는 업무는 동일하더라도 매일 다른 상황을 마주하게 된답니다. 그리고 동물을 매일 가까이서 봐서 더 좋은 것 같아요. 동물조련사에겐 당연한 일이지만 쉽게 볼 수 없는 좋아하는 동물을 일하는 직장에서 매일 볼 수 있는 것이 저에겐 큰 행복이거든요.

톡(Talk)!
배주성

| 좋은 점 |
동물과 함께 하며 지친 마음을 위로받을 수 있어요.

　가장 큰 장점으로는 동물과 함께 하는 시간이 많다는 것이에요. 누구나 업무를 진행하다보면 몸과 마음이 고되고 지칠 때가 있거든요. 하지만 지치는 그 순간에 동물들을 바라보게 되면 힘들다가도 미소 짓게 되고, 힘듦을 잊게 되죠. 또, 다양한 동물들을 만날 수 있고, 같은 종류의 동물일지라도 성격과 특징이 너무 다르기 때문에 그런 다양한 성격을 직접 겪고 지켜보고 알아갈 수 있는 재미도 있어서 좋답니다.

| 좋은 점 |

말 조련사는 퇴근이 빠르다는 장점이 있어요.

말 조련사의 장점은 업무를 일찍 시작한 만큼 퇴근이 빨라서 오후 시간을 여유롭게 쓸 수 있다는 점이에요. 다른 친구들이 한창 일을 하고 있을 때 퇴근을 하다 보니 시간적 여유가 많아서 취미활동을 하거나 여가 시간을 보내기에 좋답니다. 그건 뭔가 기분이 좋아요.

| 좋은 점 |

동물과 함께하며 보람을 느끼고 전망이 높은 직업이에요.

사육사로서의 장점은 보람을 느낄 수 있다는 점입니다. 동물을 좋아하는 저는 동물을 사육하며 옆에서 지켜볼 수 있는 이 직업이 너무 보람되고 만족스러워요. 제가 담당하는 동물이 건강하게 잘 지내는 모습을 볼 때 직업만족도는 굉장히 높아지거든요. 그렇기 때문에 동물을 좋아한다면 분명 일을 하며 느끼는 행복이 클 거예요. 또한 기술과 과학이 발달로 기계화 되고 있는 요즘 시대에 동물 사육은 기계로 대체할 수 없는 전문 기술직이라고 생각해요. 4차 산업혁명으로 인해 많은 직업들이 사라지고 있는 요즘, 미래 변화에도 동물사육사는 살아남는 장수 직업이 될 가능성이 높지 않을까요?

| 힘든 점 |
24시간 동물들의 안전에 대한 긴장감과
근무대기상태를 유지해야 해요.

항상 긴장하고 있어야 하는 것이 단점인 것 같아요. 동물을 다루는 직업이다 보니 동물이 다치거나 사망에 이르는 등의 다양한 예기치 못한 사고에 쉽게 노출될 수 있기에 사고 방지를 위해 긴장감을 놓을 수 없답니다. 대부분의 동물과 함께 하는 직업은 주말과 밤낮 구분 없이 항상 근무대기 상태인 것 같아요. 또한 사랑하는 반려견에게 때론 단호한 모습을 보여줘야 하는 순간들도 있기에 미안한 마음이 들죠.

| 힘든 점 |
동물 복지나 사육환경에 대해 항상 신경을 써야 해요.

말 못 하는 동물들을 상대해야 하므로 늘 긴장하고 주의를 해야 합니다. 자는 곳, 먹는 것, 하나하나 신경 쓰며 동물들이 스트레스 받지 않게 해야 합니다. 특히 곰들은 귀여운 모습을 하고 있지만 맹수이므로 더욱 신경 써야 합니다. 새끼 곰이더라도 물리면 큰 멍이 들 정도이기에 사육사들은 늘 조심해야 합니다.

이렇게 노력을 하더라도 실수 또는 오해로 사람들에게 질타를 받을 때 가슴이 아픕니다. 동물들에게 많은 사랑을 쏟고 있지만, 동물에 대한 대우나 환경에 대한 부정적인 말을 들을 때면 저의 노력이 제대로 전달되지 않는 것 같아 많이 씁쓸하기도 합니다.

| 힘든 점 |

나보다 동물을 먼저 챙기고 보살펴야 하는 단점이 있어요.

　직업 특성상 대부분 야외에서 업무를 수행하기 때문에 날씨와 상관없이 동물들을 위해 일을 해야 합니다. 추울 땐 감기도 자주 걸리고 더운 여름엔 피부도 타고 몸이 아프기도 하죠. 하지만 조련사는 동물들을 먼저 생각하고 추울 땐 따뜻하게 더울 땐 시원하게 해줘야하기에 이런 힘듦은 감수해야 해요.

| 힘든 점 |

사육사는 강인한 체력이 뒷받침 되어야 해요.

　사육사는 직접 몸을 움직여서 해야 하는 업무가 많아요. 그래서 체력이 약하다면 많이 힘들 수도 있다는 점이 단점일 수 있겠네요.

| 힘든 점 |
말 조련사는 야외활동과 기상 시간, 돌발 상황의 발생으로 힘들 때가 있어요.

직업 특성상 야외에서 활동을 하기 때문에 안타깝지만 추울 때 춥고 더울 때 더운 것 같아요. 또 일이 새벽에 시작하기 때문에 아침잠이 많은 사람은 적응에 시간이 필요할 수 있어요. 말을 못 하는 동물을 관리하고 조련하는 일이기 때문에 위험한 상황이 발생하는 경우도, 힘든 일도 꽤 있답니다.

| 힘든 점 |
동물의 죽음을 누구보다 가까이서 봐야하고, 스케줄 근무를 해야 해요.

마음이 힘들 때도 있습니다. 담당하는 동물이 아프거나 폐사했을 경우 그 누구보다 슬픈 감정을 느껴야 하고, 자괴감을 느끼기도 해요. 마음을 치유하는데 시간이 걸리기도 하죠. 그리고 요즘엔 워라밸(work-life balance), 즉 일과 삶의 균형을 중요시하는 분들이 많잖아요. 하지만 대부분의 동물사육사는 스케줄 근무로 진행되기 때문에 일반적인 직업과는 다르게 평일에 쉬고 주말엔 출근해야 하는 경우도 많답니다. 또한 동물에게 문제가 생길 경우 휴무마저도 마음 편하게 쉬지 못하고 출근해야 하는 경우가 발생할 수도 있다는 점 참고하면 좋을 것 같아요.

동물조련·사육사 종사 현황

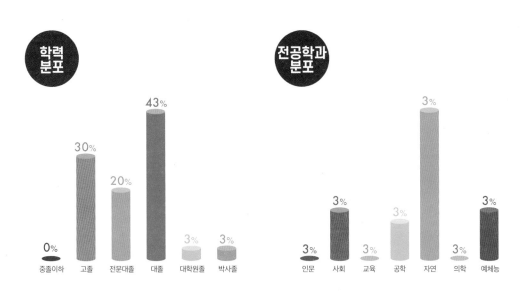

학력분포

중졸이하	고졸	전문대졸	대졸	대학원졸	박사졸
0%	30%	20%	43%	3%	3%

전공학과분포

인문	사회	교육	공학	자연	의학	예체능
3%	3%	3%	3%	3%	3%	3%

직업만족도

67.3%
(백점기준)

임금분포

2,456만원 — 하위(25%)
3,088만원 — 중위(50%)
3,940만원 — 상위(25%)

출처: 워크넷

CHAPTER
| 2 |

동물조련·사육사의

생생
경험담

미리 보는 동물조련·사육사들의 커리어패스

 **강시우** 훈련사 　- 고양고등학교 애완동물관리과 - 우송정보대학 애완동물계열
- 서울문화예술대학교
　반려동물학과

 **강건희** 사육사 　- 우송대학교 기계공학과 - 송파농산 비단잉어사육사

 **김원섭** 조련사 　- 대경대학교 동물사육복지과 - 제12회, 13회 대구펫쇼
　동물 전시 및 관리 진행

 **배주성** 사육사 　- 서울호서직업전문학교
　애완동물과 - 제이렙타일 파충류 담당
- 대전 아쿠아리움 파충류 담당
- ㈜쥬라기, 쥬라리움
　파충류 담당

 양인혁 조련사 　- 한국축산경마고등학교
　말산업과 - 축산기능사 자격증 취득
- Richmond TAFE NSW
　이수 certificate2

 문규봉 사육사 　- 대경대학교 동물사육복지과
- 교내 조류동아리 팀장 - 대구 허브힐즈 실습
- 경주목장 실습

- 인천경찰특공대탐지팀 경찰견핸들러
- 롯데타워 대터레팀 폭발물 탐지견핸들러
- 2018 평창올림픽 탐지견핸들러

- 시우스쿨링 대표
- 건국대학원 동물매개치유학과 석사과정

- 베어트리파크 동물팀 팀장

- 베어트리파크 부장 승진
- 베어트리파크 동물팀 팀장

- 제6회 도시농업박람회
  동물 전시 및 관리
- 제14회 대구 어린이 대잔치
  동물 전시 및 관리

- 제주 화조원

- 악동애니멀힐링카페 전 개체 총괄

- 애니멀 뮤지엄 The Zoo 파충류 사육사

- 장수육성목장 - MJ 트레이닝

부산경남경마공원

- 제주 퍼시픽랜드

- 한화 아쿠아플라넷 일산

어린 시절부터 동물을 사랑하는 마음으로 사육사를 꿈꾸어 고양 고등학교 애완동물관리과에 진학하였다. 꿈을 애견훈련사로 구체화한 후, 애견훈련소에서 합숙생활을 병행하며 학교에 다니고, 다양한 대회에 참여하며 애견관리사가 되기 위한 경험을 쌓았다. 이후 탐지견핸들러로 활동을 하다 현재는 반려견 유치원 운영 및 가정교육을 하고 있다.

유기견 봉사를 경험하면서 끝나지 않을 일이란 것을 깊이 느끼며 유기견 없는 세상을 만들고 싶은 삶의 비전이 생겼다.

'내가 반려견의 문제 행동을 고쳐준다면, 유기견들이 사라지지 않을까?'

그 첫걸음으로 반려견 교육을 시작하였다. 그리고 반려견과 끝까지 함께 할 수 있도록 돕는 것이 유기견을 만들지 않는 최고의 봉사라고 확신했다. 사랑스럽지만 문제 행동으로 어려움에 처한 반려견과 반려인이 끝까지 함께할 수 있도록 최선을 다하는 반려견 훈련사로 남고 싶다.

강시우 반려견 훈련사

현) 시우스쿨링 (반려견 유치원 및 가정방문교육) 대표
전) 2018 평창올림픽 탐지견핸들러
전) 롯데타워 대테러팀 폭발물 탐지견핸들러
전) 인천 경찰특공대 탐지팀 경찰견핸들러

- 한국애견협회 KKC 공인 반려견 지도사 1급 자격증 취득
- 한국애견연맹 KKF 공인 애견핸들러 자격증 취득
- 한국애견협회 KKC 반려견스타일리스트 자격증 취득
- 건국대학원 동물매개치유학과 석사과정
- 서울문화예술대학교 반려동물학과 졸업
- 우송정보대학 애완동물계열 졸업
- 고양고등학교 애완동물관리과 졸업

동물조련·사육사의 스케줄

강시우
훈련사의
하루

20:30 ~ 21:30
▶ 매장 청소 및
  위생관리

08:00 ~ 10:00
▶ 출근 및 위탁
  반려견 등원

15:30 ~ 19:30
▶ 가정방문교육 출근
19:30 ~ 20:30
▶ 저녁식사

10:00 ~ 12:00
▶ 위탁 반려견 관리

14:30 ~ 15:30
▶ 위탁 반려견 교육

12:00 ~ 14:00
▶ 반려견 교육 및 식사급여
14:00 ~ 14:30
▶ 점심식사

애견훈련사를
꿈꾸며
노력하다

▶ 학창시절 훈련 중

▶ 반려견과 함께

▶ 학창시절 훈련사를 꿈꾸며

어린 시절 어떤 학생이었나요?

어린 시절에는 강아지를 포함한 곤충과 병아리, 햄스터, 소라게, 앵무새 등의 다양한 소동물에 관심이 많았어요. 하루 종일 동물을 관찰 하는 게 어린 시절 저의 일상이었죠. 초등학교 시절의 저는 호기심이 많은 성격의 소유자였어요. 특히 자연에 관심과 호기심이 많았습니다. 자연은 제게 신비한 존재였어요. 작은 풀이 물과 흙만 있어도 큰 나무로 성장하는 게 신기했었고, 비가 오는 날이면 달팽이에게 먹이 주는 것이 재미있어 상추를 주기 위해 밖으로 나갔었죠. 특히 새에 관심이 많아 앵무새를 비롯하여 수십 마리의 새를 집에서 키웠었어요. 직접 번식도 시켰던 저에게 친구들이 '새박사'라는 별명을 지어주었답니다.

Question 어린 시절부터 동물과 관련된 직업을 꿈꾸셨나요?

네, 맞아요. 초등학교 고학년부터 고등학교 입학 전까지 저의 꿈은 '사육사'였습니다. 동물원에서 새를 담당하는 사육사를 꿈꿨었죠. 조류 전공생이 되고 싶어 '애완동물관리과'가 있는 고양고등학교에 진학을 하게 되었는데 학교를 둘러보다 우연히 큰 대형견들과 함께 있는 열정 넘치는 애견 전공생 선배님들을 보았어요. 어린 시절 좋아했지만 키워보지 못했던 강아지에 대한 열망이 조금씩 생겨났죠. 그 이후 점차 강아지에 관심이 생기면서 애견훈련사로 구체적인 방향을 설계하기 시작했답니다. 감사하게도 부모님께서는 제가 하고 싶은 일을 하라며 저의 꿈을 응원해주셨습니다. 부모님의 응원 덕분에 일찍부터 꿈을 이루기 위한 과정들을 밟아나갈 수 있었던 것 같아요.

이른 나이부터 애견 관련 경험을 쌓기 시작하셨네요. 어떤 활동들을 하셨나요?

일단 고등학교를 동물과 관련한 전공을 할 수 있는 학교로 선택했던 게 일찍 경험을 쌓을 수 있는 계기였어요. 고양고등학교는 특성화고등학교로 애완동물관리과가 있습니다. 애완동물과 관련한 이론과 실습교육을 받을 수 있는 게 장점이었죠. 학교 수업 전에는 새벽부터 일어나 학교 견사에 있는 60마리의 강아지들을 관리하는 전공생 활동을 했어요. 강아지들의 건강 상태를 체크하고 아픈 강아지들에게 간단한 치료와 투약도 했답니다.

학교 교육과정을 통해 원반을 던지는 디스크독 및 장애물을 넘는 어질리티 등의 반려견 교육도 배우고 애견 미용도 배울 수 있었어요. 애견훈련사, 애견핸들러, 애견미용사 등의 다양한 자격증을 취득하기도 했습니다. 방과 후에는 애견훈련소에서 훈련소 직원인 형들과 함께 일을 하며 늦은 밤까지 훈련을 병행했어요. 되돌아보니 다양한 경험을 하고자 부지런히 활동했던 것 같아요.

학창 시절에 했던 활동 중에 가장 기억에 남는 일이 있나요?

고등학교에 진학하기 전까지는 공부에 관심이 적었어요. 운동부 친구들과 누가 꼴등 하는지 내기를 할 정도였으니까요. 하지만 고등학교 진학 후 적성에 맞는 동물 관련 수업을 듣고 공부를 하다 보니, 자연스레 학업에 관심이 생겼고 시험성적도 높게 나왔어요. 90점대는 물론 100점도 받았으니까요. 난생 처음 받아보는 점수였기에 기억에 남네요. 학업과 성적에 있어서 본인의 흥미여부가 굉장히 중요하다는 걸 깨달았죠.

그리고 고등학교 1학년 때부터 애견훈련소에서 합숙 생활을 하며 학교를 다녔었어요. 이른 새벽부터 대형 견사를 청소하고 강아지들의 식사를 챙겨주고 학교에 등교를 했는데, 애견 훈련소가 산 속에 있었거든요. 학교까지 가는 교통수단이 없는데다가 월 급여는 10만원이 전부였죠. 학교를 가기 위해 애견훈련소 옆에 있는 골프장 손님들의 차를 히치하이킹으로 얻어 탔던 일이 기억에 남아요. 여러모로 힘든 생활이었지만 적성에 맞는 일을 하며 성취감을 느낄 수 있었고 행복감도 컸어요.

마음가짐이 남달랐을 것 같아요
어떤 마음으로 진로를 결정하셨나요?

　진로를 선택함에 있어서 저의 적성에 맞는가를 가장 중요하게 생각했어요. 쉬는 날, 쉬는 시간이 없어도 이 일이 행복할 것인가를 고민했죠. 그리고 이 분야에서 1등을 할 열정이 있는지 생각했어요. '한 분야의 1등이 된다면 성공할 것'이라는 믿음으로 수익보다는 저의 마음이 가는 방향으로 결정하고 열심히 훈련했답니다. 노력은 배신하지 않더라고요.

▶ 일상 적응 훈련 중

탐지견핸들러 로 활동하다

▶ 평창올림픽에서 탐지견핸들러로 활동

▶ 철도경찰탐지견핸들러 활동

▶ 롯데월드타워에서
  탐지견핸들러로 활동

▶ 경찰견핸들러로 군복무

진로 선택 시 영향을 주신 멘토가 있나요?

지금의 제가 되기까지 저에게는 두 분의 멘토가 계셨어요. 바로 임장춘 대표님과 김철 대표님이십니다.

임장춘 대표님은 저에게 제 2의 아버지 같은 존재셨어요. 고등학교 시절 열심히 하는 저의 모습을 보신 학교 선생님께서 제대로 배워보면 좋겠다며 소개해준 애견훈련소의 소장님이셨죠. 17살에 대학생과 30~40대 형들 사이에서 막내로 애견훈련소 합숙생활을 시작했습니다. 바쁘신 일정 속에서도 유독 제가 훈련할 때면 옆에서 지켜봐주시고 꼼꼼하게 코치 역할을 해주신 덕분에 강아지의 행동심리에 대해 더욱 빨리 배울 수 있었어요.

애견 관련한 경험 이상의 경험을 시켜주시기도 했죠. 인성교육을 중요하게 생각하셨던 대표님께서는 훈련만 잘해서는 안 된다고 강조하시며 어른을 만날 때의 옷차림, 식사예절, 일 할 때의 자세, 표정과 걸음걸이까지 하나하나 챙겨주시며 지도해주셨습니다. 글로는 다 표현할 수 없을 만큼 많은 경험과 가르침을 주셨죠. 현재 대표님께서는 한국유기동물복지협회를 운영하시는 대표님으로 유기견 입양문화에 앞장서고 계신답니다.

두 번째 멘토는 김철 대표님이십니다. 우연히 대회장에서 만나 뵙게 되었죠. 뛰어난 실력을 가졌다며 칭찬을 받았지만, 입상 운이 없었던 저를 보시고는 다가오셨어요. 저에게 도움을 주고 싶다고 말씀하시며 심사위원별로 평가하는 스타일과 감점 포인트 등에 대해 자세히 분석을 도와주셨죠. 이렇게 인연을 맺어 그 이후로도 수년간 매일 밤마다 공원에서 대표님을 만나 함께 훈련하며 많은 것을 배웠답니다. 나중에 알고 보니 30년간 취미로 훈련을 하신 대기업의 임원이셨더라고요. 대표님만의 노하우와 정확한 분석 포인트를 전수해주시며 제가 입상을 할 수 있도록 결정적인 도움을 주셨어요. 유일하게 저의 최고기록을 깨고 만점을 기록해 세계 대회에 출전하기도 하신 멋진 저의 멘토님이십니다. 현재는 대기업 전무이사로 은퇴하신 뒤 에스원 특수목적견센터를 운영하시며 탐지견 및 핸들러를 양성하고 계신답니다.

Question 반려동물과 관련해서 어떤 공부를 하셨나요?

저는 일찍부터 반려동물 관련 공부를 시작했어요. 고등학교를 고양고등학교에 진학하면서 애완동물과를 전공하여 기본적인 지식을 쌓고 훈련소 생활을 병행했어요. 그 이후에는 우송정보대학에서 애완동물계열을 졸업하면서 전공 지식을 쌓았죠. 졸업 이후에 조금 더 관련 전공공부를 해보고 싶은 욕심이 생겨서 서울문화예술대학교에서 반려동물학과를 졸업하였고 본격적으로 반려동물행동전문가의 꿈을 키워나갔어요. 이전까지의 공부와 크고 거친 강아지들을 많이 다뤄본 경험이 소형견이 많은 가정견의 문제행동에 겁내지 않고 다가갈 수 있는 밑바탕이 되어준 것 같아요. 가정견 교육을 통해 보호자님들이 만족해하는 모습을 보면서 큰 성취감을 얻었고, 강아지의 삶도 행복한 삶으로 변화시켜줄 수 있다는 매력이 크게 느껴졌죠. 지금은 반려견훈련사로 일을 하면서 동시에 건국대학원에서 동물매개치유학과 석사 과정 중에 있답니다.

▶ 반려동물행동교정 활동 중

다양한 애견 관련 대회에서 수상을 하셨는데, 기억에 남는 일이 있나요?

2008년부터 많은 대회에 출전했었는데요, 대학생 때 저의 애견훈련 경력을 인정해 주신 교수님들 덕분에 대표로 훈련시범을 보이기도 하며 더 활발하게 대회를 출전할 수 있는 기회가 주어졌어요. 출전하여 수상한 대회는 아래와 같습니다.

- 2017 KKC 종합훈련경기대회 IPO1 1등
- 2016 WUSV 챔피언쉽 한국대표 선발전 동반견 1등
- 2016 KKC 종합훈련경기대회 IPO1 3등
- 2016 KKC KOREA 훈련경기대회 IPO1 1등
- 2015 KDTC BH & IPO 클럽 타이틀전 동반견 2등
- 2015 KKF BH 타이틀 합격
- 2014 KKC KOREA 훈련경기대회 BH 동반견 1등
- 2011 KKC KOREA 전국 핸들러 기술경연대회 금상
- 2011 KKC KOREA agility championship 1등
- 2010,2011년 KOREA DISK DOG 경기대회 2위
- 2008 KFSS ASIA 아시아 드라이랜드 선수권 대회 우승

이렇게 보니 거의 10년을 대회에 출전하고 수상을 했네요. 김철 대표님의 코칭으로 가장 좋은 결과를 냈던 대회이기에 2016년 3월 26일 출전했던 WUSV 챔피언쉽 한국 대표 선발전이 가장 기억에 남습니다. 그 당시 저의 나이는 25살이었거든요. 60점 만점에 59점으로 동반견 부문 1위를 차지했죠. 20여 년간 활동하신 여러 소장님들께서 그 당시에 저의 점수를 보시고는 이런 점수는 처음 보신다며 축하인사를 해주셨어요. 최연소로 최고 기록을 세웠던 대회였죠.

Question 과거에 탐지견핸들러로 활동하셨는데,

활동 계기가 무엇이었나요?

　스무 살 즈음에 사체탐지견 분과위원장이신 소장님의 영향을 받았어요. 소장님의 어깨너머로 보고 따라하며 한쪽에 있는 강아지를 데려와 탐지견 핸들링 연습을 시작했고 이후 제가 가르치던 슈슈(품종: 마리노이즈)라는 강아지가 실제 사체탐지견이 되었답니다. 이렇게 시작한 탐지견 핸들링의 경험을 통해 경찰견핸들러로 군 입대를 하게 되었죠. 군 입대를 하면서 본격적으로 탐지견핸들러 생활을 시작하게 되었답니다.

Question 탐지견핸들러 활동 경험은 어땠나요?

　인천 경찰특공대 탐지팀에 소속되어 경찰견핸들러 특기병으로 군 복무를 했습니다. 탐지견으로 주로 이용되는 대형견이 마리노이즈 종이어서 군 전역 후 에반(품종: 마리노이즈)을 키우고 있었어요. 그 시기에 롯데타워에 필수로 있어야하는 대테러팀의 탐지견핸들러 모집 공고를 보게 되었고, 좋은 기회로 근무를 하게 되었죠. 군 특기병과 대테러팀의 탐지견핸들러의 경험은 평창올림픽에서의 탐지견핸들러 업무로 이어졌어요. 그 외에도 경찰견들과 함께 기차역을 순찰하며 폭발물을 탐지하는 철도경찰탐지견핸들러로도 활동을 했고 2018년에는 문재인 대통령 및 반기문 사무총장 탐지견 검측도 했답니다.

탐지견핸들러에 관심이 있는 친구들이라면 훈련사자격증을 취득하고 탐지견 관련 훈련소에서 경력 쌓기를 추천해요. 인명구조견협회 또는 인명구조견 지정훈련소에서 인명구조견 도우미 역할의 봉사활동을 하며 간접적으로 체험해볼 수 있을 것 같네요. 관련 자격증과 경력이 있다면 중앙119 등 소방관이 된 이후에 인명구조견핸들러로 지원을 할 수 있답니다. 또 경찰 시험에 합격한 이후 경찰특공대 탐지팀에 지원을 하는 방법도 있고요. 이 외에도 수의검역원, 관세청에도 모집공고가 올라오면 훈련사들이 지원하게 된답니다.

▶ 탐지견 활동 중

다양한 경험이 애견훈련사를 만든다

▶ 반려견행동교정 활동

▶ 강아지유치원

▶ 반려견 훈련 관련 강연

지금은 어떤 일을 하고 계시나요?

현재 '시우스쿨링'이라는 애견 유치원 및 1대 1 가정방문교육을 운영 및 진행하고 있습니다.

애견 유치원에서는 반려견들의 스트레스 및 에너지 해소, 사회성 및 사교성 발달 훈련을 진행함으로써 집에 혼자 있는 시간이 많은 반려견 등을 위한 프로그램을 운영하고 있답니다. 반려견들이 아침에 등원하면 컨디션체크를 한 뒤, 유치원 친구들과 함께 여러 가지 수업을 듣게 되죠. 개인기 교육, 노즈워크 및 지능개발, 행동회복 등의 다양한 교육을 진행합니다. 자유시간도 주어지고 낮잠 자는 시간도 있답니다.

방문교육은 실제로 반려견이 생활하는 가정에 방문하여 교육을 진행하게 됩니다. 보호자님께서 의뢰하시면 가정으로 방문하여 강아지의 문제행동을 파악하고 거기에 맞는 교육을 진행하죠. 디테일한 행동 분석과 최적의 교육 방법으로 반려견의 문제행동을 교정하기 위해 열심히 노력하고 있답니다.

Question **하루의 일과가** 어떻게 되시나요?

저의 하루는 강아지들과의 시간으로 가득 차있어요. 아이들과 즐겁게 하루를 보내는 것이 가장 큰 업무 중에 하나이죠. 알림장 관리, 사진촬영, 대소변청소, 보호자상담 등의 업무도 함께 하고 있습니다. 하루 중에 가장 바쁜 시간대는 역시 아이들의 등·하원 시간인 것 같아요. 오전 8시부터 등원하는 아이들을 맞이하고, 오후 6시부터는 하원하는 아이들을 배웅하죠.

시우스쿨링을 운영하면서 기억에 남는 경험이 있나요?

　가정방문 교육 후 변화된 아이와 가정의 모습을 볼 때가 가장 뿌듯하면서도 기억에 남아요. 보호자님께서 반려견이 편안하게 생활하고 더불어 보호자님도 행복한 일상으로 돌아오셨다며 연락을 주실 때마다 큰 성취감을 느낀답니다. 따뜻한 후기와 함께 선물로 마음을 전해주시는 보호자님들도 많으세요. 물질적인 이유 때문이 아니라 보호자님들의 진심을 전달받으면 저도 함께 행복해진답니다.

　또한 반려견 유치원을 운영하고 방문교육을 진행하다보면 일상생활에서는 보기 어렵던 유명인들을 마주하게 되는 경우가 있어요. 유명한 기업의 회장님부터, 많은 연예인 보호자들을 만나게 되죠. 반려견과 함께하는 업무 속에서 특별한 사람들을 만나는 경험들이 새롭기도 하고 흥미롭답니다.

▶ 시우스쿨링 시설과 훈련받는 원생의 모습

Question 훈련사님의 앞으로의 목표는 무엇인가요?

　1인 가구의 급증과 인구 고령화의 가속화, 개인 소득 수준의 증가 등의 현상으로 반려동물을 가족으로 받아들이는 가구가 점점 늘어나고 있습니다. 요즘엔 4가구 중 1가구가 반려동물을 기른다고 하죠. 반려견과 반려인의 행복한 삶을 위해 노력하려 합니다.

　전문성을 갖춘 애견훈련사를 양성하는 기관을 설립하여, 체계적인 커리큘럼을 통한 전문 훈련사 양성에 힘쓰고 싶어요. 더불어 프랜차이즈 반려견 유치원으로 확장하고자 합니다. 훈련사양성기관은 유기견 보호소와 공동 운영 시스템을 도입하여, 훈련사 지망생들을 육성함과 동시에 유기견들에게도 긍정적인 교육을 제공함으로써 우리나라 유기견 입양문화에 기여하고 싶네요.

Question 반려견훈련사를 꿈꾸는 학생들이
학창시절에 해보면 좋을 활동들을 추천해주세요

　좋은 활동에 정답은 없는 것 같아요. 저는 방과 후 시간 그리고 주말에 애견훈련소에서 반려견 교육을 경험하며 배웠던 것들이 큰 도움이 되었어요. 사회 경험도 일찍 해볼 수 있어서 좋았고요. 그래서 반려견훈련사를 꿈꾸는 친구들에게 학교생활 이외의 시간에 관련 기관에서 생활해보는 것을 추천하고 싶어요. 예를 들면 애견훈련소, 애견유치원, 유기견보호소 봉사활동, 애견카페 아르바이트 등이 있겠죠? 그리고 이론 공부도 중요하지만 동물과 함께 하는 일이기에 실기 공부도 함께 병행하는 것이 좋아요. 대회에 출전하고 입상해보는 것도 준비 과정을 통해서 많이 성장할 수 있기 때문에 도움이 돼요. 직접 경험하는 것이 어렵다면 반려견 관련한 직업을 가진 다양한 분야의 전문가들을 만나보는 것도 추천합니다. 그 분들의 경험의 이야기를 들으며 간접적으로 경험하고 시야를 넓힐 수 있는 기회가 된답니다.

반려견훈련사를 꿈꾼다면 항상 공부하는 자세와 다양한 경험을 쌓기 위해 적극적으로 도전해봤으면 좋겠어요. 몇 달 배운 기술만으로도 변화를 이끌어 보호자들을 좋아하게 만들 수도 있지만, 여기서 머문다면 발전하지 못하게 됩니다. 몇 번의 경험만으로 이런 문제 활동은 이렇게 하면 된다는 개인적인 확신을 갖지 말고, 꾸준히 공부하며 발전하는 훈련사가 되기를 바라는 마음이에요. 훈련사마다 반려견의 문제 행동을 분석하는 방법이나 교육하는 방법 등 기술적인 부분에서 차이가 많이 난답니다. 다양한 훈련사를 접하고 그들의 스킬을 보고 배우는 것은 개인의 성장에도 큰 도움이 될 거에요.

유능한 훈련사가 되기 위해서는 반려견에게 주는 물리적 압박(강압적)을 최소화해야 합니다. 교육기간과 시간에 쫓기며 급하게 훈련을 진행하려고 한다면 반려견에게 스트레스를 주게 된답니다. 일시적 효과를 중요시하기보다는 반려견을 이해하고 긍정적인 감정을 느낄 수 있는 훈련법으로 변화를 이끌기 위해 노력하는 반려견훈련사가 되었으면 좋겠네요.

▶ 반려견행동교정 활동중

충남 청양의 산골에서 태어나 자연과 동물들을 직접 접할 수 있는 유년시절을 보냈고, 고등학교 때에는 형을 도와 현장에서 개체관리를 배우며 숙련된 축산능력을 가졌다. 하지만 '진로'로선 동물사육보단 기계에 관심이 많아 기계공학과에 진학하고, 첫 직장도 학과와 관련된 곳에 입사했으나, 상황이 여의치 않아 쉬던 중, 둘째 매형의 추천으로 송파농산(현 베어트리파크)에 입사하여 사육사의 길을 걷게 되었다.

송파농산이 베어트리파크로 회사명을 개명한 후, 모든 동물을 총괄하는 동물팀 팀장 자리에 발령되었다. 한 번 정 준 동물을 두고 직장을 옮기는 것이 쉽지 않아 2020년 현재까지 베어트리파크에서 근무하고 있는 26년차 사육사가 되었다. 26년 동안 같은 동물을 봐왔어도 아직도 비단잉어가 고와 보이고, 아기 곰이 귀엽고, 그런 동물들을 직접 보고 기쁨의 탄성을 지르는 아이들을 보는 게 행복한 사육사이다.

강건희 포유류 사육사

현) 베어트리파크 동물팀 팀장
   2011년- 베어트리파크 부장 승진
   2009년-베어트리파크 개장과 함께
   동물팀 팀장으로 발령
• 전) 송파농산 비단잉어사육사로 입사
• 우송대학교 기계공학과 졸업
• 1999년 국내 비단잉어 품평회 대상 수상

동물조련·사육사의 스케줄

강건희
사육사의
하루

17:30 ~ 18:00
▶ 사육사 순찰

18:00 ~
▶ 퇴근, 원내 순찰

08:00 ~ 08:30
▶ 출근 및 비단잉어관람
사육장 순찰

16:00 ~ 17:00
▶ 동물 저녁관리

17:00 ~ 17:30
▶ 동물팀 마무리 회의

08:30 ~ 11:00
▶ 곰 사육관리 시작

11:00 ~ 12:00
▶ 동물팀 회의

13:00 ~ 14:00
▶ 곰 사육장 청소

14:00 ~ 16:00
▶ 동물팀 공동작업
(사육우리 조성
및 유지보수)

12:00 ~ 13:00
▶ 점심

기계공학도 동물사육사가 되다

▶ 어린시절 형들과 찍은 사진(중앙이 강건희 사육사)

▶ 현장 업무 중에 한컷

▶ 어린 시절 시골집에서

충남 청양의 산골에서 태어나고 자랐던 어린 시절엔, 아버지가 소와 돼지를 키우셨기에 동물을 가까이 접할 기회가 많았어요.

초등학교 때 동네 형이 분양해준 토끼 한 쌍을 50마리의 대가족으로 키워낼 만큼 동물에 관심이 많았죠. 이때가 제 인생의 첫 사육사 체험이라고 할 수 있겠네요. 어릴 적 라면이 100원이었는데 토끼는 분양하기 위해서 500원이 필요했거든요. 어린 나이 괜찮은 용돈벌이라고 생각해서 기른 것도 있지만 지금 생각하면 동물을 키우는 일 자체가 좋아서 했던 것 같아요. 토끼들을 잘 돌보기 위해 주변 어른들께 질문도 참 많이 했어요. 토끼는 여름철 습기에 약하고 가공을 거치지 않은 생풀을 주면 설사하는 걸 알고는 학교 끝나고서 바로 들판으로 나가 질경이를 직접 뜯어 말려서 준 기억이 있답니다.

중학생이 되어선 아버지가 키우시던 소를 돌봤었거든요. 1970년도의 시골엔 '소에게 사료를 먹여 키운다.'는 개념이 없었기 때문에 직접 소를 끌고 냇가로 데려가 물을 마시게 하고 풀을 뜯게 했어요. 그게 바로 제 담당이었답니다. 당시 시골에서 소는 엄청난 재산이었어요. 어린 나이었지만 어머니께서 쇠죽을 만들다 실수로 들어간 못 때문에 소가 죽어서 슬퍼하시는 모습을 본 것이 또렷이 기억나요. 그 모습을 보며 동물을 어떻게 키워야 하는지, 특히 무엇이 동물에게 위협이 되는지 깊게 생각해보는 계기가 되었답니다.

Question 어린 시절부터 사육사를 꿈꾸셨나요?

처음부터 사육사를 꿈꾼 것은 아니에요. 어려서부터 동물을 많이 접했고 위로 계신 두 형들도 동물관련 업계에 종사하고 있는 만큼 자연스레 같은 길을 따라갈 법 했죠. 하지만 제 특기와 관심은 기계·전기 분야였습니다. 동아리 활동도 과학부에 들어갔고, 과학상자 만들기 도대회에도 출전하고, 대학도 기계·전기 관련 학과로 진학했어요. 사실, 고등학교 때 진행했던 적성검사 결과에 '수산업'이 나와서 동물을 다루는 직종에 대해 잠시 고민했던 시기도 있었어요.

Question 다른 분야를 전공하시고, 동물사육사로 직업을 바꾸게 된 가장 큰 영향은 무엇인가요?

제게는 위로 2명의 형이 있어요. 각각 애견산업과 양돈업에 종사하고 계시죠. 아무래도 관련 업계에 종사하고 있는 형들의 영향이 컸습니다.

어린 시절의 제가 소의 먹이주기 담당이었다면, 저보다 8살 많은 둘째 형은 돼지를 처음부터 끝까지 모두 관리했거든요. 추운 겨울에 돼지의 출산을 도왔던 경험이 있어요. 가장 기억에 남는 순간은 동물의 탯줄을 자르는 감각과 생명 탄생을 직접 보았던 순간인 것 같아요. 놀라우면서도 신기했던 그 감정들이 아직까지 생생하게 기억납니다.

고등학교를 대전으로 진학하게 되면서 이전처럼 동물을 직접 기를 기회가 줄어들었지만, 이 시기에 양돈업을 본격적으로 시작한 둘째 형의 일을 도와주게 되었어요. 현장에서 '사육'에 대해 배울 수 있는 기회가 되었죠. 주말마다 본가에 방문하여 축사를 짓거나, 사육시설을 청소하는 등 형의 양돈업을 도왔답니다. 돼지의 출산뿐만 아니라, 어린개체와 어미개체를 관리하면서 '개체관리'에 대해 이론이 아닌 현장체험으로 배웠습니다. 대학생이 된 후, 형이 자리를 비울 때면, 걱정 없이 저에게 축사관리를 맡길 정도로 일이 숙련되었어요.

학과와 관련된 업계에 종사하다가 잠시 일을 쉬고 있을 때, 둘째 매형께서 추천한 곳이 베어트리파크였습니다. 제가 동물사육사로 직업을 전환하게 된 가장 큰 계기가 되었죠. 형의 양돈업을 도우며 쌓은 경험과 대학에서 배운 전기 및 기계 설비 관리가 가능하다는 점이 좋게 평가되어 지금까지 베어트리파크 동물팀을 담당하고 있답니다.

Question **사육사로 활동하신지 얼마나 되셨나요?**

베어트리파크가 '베어트리파크'라는 이름을 걸고 개장하기 한참 전인 1993년에 입사했어요. '베어트리파크 동물 사육사'로는 올해로 26년차가 되었답니다. 입사 초기에는 비단잉어 사육사로 경력을 쌓아가기 시작했죠. 비단잉어 사육 경력 11년차가 되었을 때, 반달곰을 포함한 동물 사육을 본격적으로 담당하게 되었고 지금까지의 동물사육 경력 기간은 15년 정도가 되었어요. 정을 준 동물을 두고 다른 곳으로 이직하기란 쉽지 않은 일이었기 때문에, 총각 때 입사하여 세 아이의 아빠가 된 지금까지 베어트리파크에서 근무하고 있습니다.

곰을 만나는 곳, 베어트리파크

▶ 곰에게 먹이를 주고 있는 모습

▶ 아기곰과 함께

▶ 비단잉어 먹이 주기

Question 베어트리파크에서 어떤 동물들이 함께하고 있나요?

우선, '베어트리파크'라는 이름대로 곰이 정말 많습니다. 불곰과 반달곰을 모두 합쳐 100여 마리의 곰들이 생활하고 있죠. 그 밖에도 사슴(꽃사슴, 백사슴), 염소, 새(공작, 잉꼬, 금은계, 원앙), 토끼, 기니피그, 고양이, 다람쥐를 가까이서 볼 수 있답니다. 곰처럼 회사이름에 직접적으로 들어가지 않아 덜 부각되지만, 베어트리파크 입구를 통과하면 가장 먼저 관람객들을 반겨주는 비단잉어도 베어트리파크의 상징이라고 생각해요. 비단잉어는 1,000여 마리가 있으며, 베어트리파크는 국내에서 손에 꼽는 비단잉어 양어장 중 한 곳이기도 합니다.

Question 베어트리파크는 어떤 곳인가요?

국내에서 사자와 호랑이 등 다양한 동물을 볼 수 있는 곳을 많지만, 곰을 테마로 하여 많은 곰 가족을 가까이에서 만나 볼 수 있는 곳은 국내에서 베어트리파크가 유일하다고 자부할 수 있어요. 살아있는 곰 친구들을 만나는 것뿐만 아니라, 가상의 곰 가족 '새총곰가족'의 조각상이 베어트리파크 곳곳을 장식하고 있고 '새총곰가족'의 이야기를 주제로 한 곰 조각공원이 조성되어 가족들과 여행오기에 너무 좋습니다. 또한 관람객의 동선에 맞추어 관람객이 마지막으로 방문하는 기프트샵에는 '작은 테디베어 전시회'라고 불릴 만큼 세계 각국의 다양한 디자인의 곰 인형을 전시·판매하고 있습니다.

'동물원 베어트리파크'에서 '수목원 베어트리파크'를 말하자면, 나뭇가지가 자라는 데로 두는 '자연스러움'을 추구하는 다른 수목원들과는 달리, 베어트리파크는 조경사들이 정성을 담아 정갈하게 가꾼 '대형 가정 정원'로 차별화하였다고 할 수 있습니다. 조경이란 무엇인가의 견본이 될 정도로 훌륭한 조경 수준을 자랑하며, 명품장미로 구성된 장미원과 깔끔하게 정돈된 분재원이 저희 베어트리파크의 자랑거리입니다.

베어트리파크의 상징은 반달곰이라고 하던데, 현재 몇 마리가 있나요?

현재 베어트리파크에는 120여 마리의 곰이 함께 생활하고 있습니다.

반달가슴곰은 천연기념물이라는데 베어트리파크의 곰들도 천연기념물인가요?

베어트리파크의 반달가슴곰은 반달가슴곰 부류에 속하지만 천연기념물은 아니에요. 천연기념물로 지정된 반달가슴곰은 지리산 종 복원센터의 곰들만 해당해요. 베어트리파크 반달가슴곰과 DNA형질이 다르답니다. 천연기념물로 지정된 반달가슴곰은 가슴털이 더 선연하고 털색이 더 어둡고 진하죠. 또한 수사자처럼 상체가 하체보다 우람하며, 귀도 크고 동그랗습니다. 그에 비해, 베어트리파크 곰의 가슴의 무늬는 반달부터 가는 초승달 등 다양해요. 체형도 상체보단 하체가 더 튼실하고, 털색도 순수한 검정색이 아닌 털끝에 갈색 빛이 살짝 돕니다. 지리산 종 복원센터 박사님들과 교류를 통하다보니 이러한 정보들까지 알게 되었죠.

반달곰들의 먹이로는 어떤 것을 챙겨주시나요? 특별히 신경 쓰는 부분이 있나요?

먹이주기에 앞서 식수를 먼저 확인하는 편이에요. 먹이통은 비어도 괜찮지만 식수는 항상 충분해야 하거든요. 여름철일수록 특히 더 신경 쓰는 부분입니다.

곰은 잡식성이라 먹이종류에 크게 구애받지 않아요. 초식동물들은 당근, 과일, 호박,

배추 등 야채도 좋지만, 영양균형을 위해 배합사료(동물의 특성에 맞게 조합된 사료)도 같이 준답니다. 또한 한 우리에 여러 마리가 함께 있는 경우, 모두가 골고루 먹을 수 있게 먹이그릇을 여러 개 준비하거나 먹이 위치를 분산시켜 힘이 없고 소심한 동물을 배려해줘야 해요. 힘이 없고 소심한 개체가 다른 개체에게 밀려 먹이를 충분히 먹지 못하는 상황이 계속되면 그 동물은 심적으로나 육체적으로나 상당히 위축되어 회복하기 힘들거든요. 이렇게 뒤처지는 일이 심각할 경우, 해당 동물은 회복이 될 때까지 따로 격리하기도 하죠. 힘이 세고 우월한 개체를 돋보이게 관리하는 것보단, 뒤처지는 동물이 무리 내에서 잘 지낼 수 있도록 보살피는 것이 사육사에게 있어서 아주 중요합니다.

Question 사육사로 일하면서 가장 기억에 남는 에피소드가 있나요?

시건(잠금)장치가 풀려 동물들이 탈출했던 사건들이 가장 기억에 남네요. 꽃사슴이 우리를 탈출해서는 화단의 꽃을 다 뜯어 먹고 똘망똘망한 눈으로 절 쳐다보고 있더라고요. 한번은 어미와 떨어져 생활한지 얼마 되지 않은 어린 반달곰이 출입문이 열려있던 틈을 타 우리를 탈출하다가 문 옆에 있던 밀가루 포대를 뒤집어 써 백곰이 된 적도 있었어요. 아찔한 상황이었는데 백곰이 된 아기 곰이 너무 귀여워서 웃으며 넘어갔었죠. 엄마 곰이 그리운 일곱 마리의 어린 곰들이 한 줄로 앉아서는 서로의 귀를 핥아 주고 있는 것도 생각납니다. 마냥 웃기만 할 수도 없는 일도 있었어요. 아침에 출근하고 아기 곰 사육장을 둘러보는데 전날 두고 간 파리끈끈이가 발 달린 것처럼 돌아다니고 있더라고요. 아기 곰이 밟은 거였어요. 한바탕 난리 끝에 붙잡아서 눈물의 삭발식을 거행했답니다.

四季
베어트리파크의 사계

봄

여름

가을

겨울

▶ 베어트리파크 가을_호박페인팅

곰의
일생을
돌보다

▶ 쳇바퀴를 돌리다 지친 반달곰

▶ 아기곰 백일잔치

아기 반달곰이 함께 생활하고 있는데 번식을 직접 시키시나요?

베어트리파크의 곰은 자연수정으로 번식하며 아기 곰 출산율은 1년에 5마리 내외예요. 인공수정은 하지 않고 있어요. 출산시기인 겨울이 되면 사육사는 어미 곰을 조용한 암실로 유도하여 출산에 적합한 환경을 조성해주고, 이후엔 일절 개입하지 않아요. 출산 후 3개월이 지나면 이유를 시키게 되는데, 이때 사육사가 처음으로 아기 곰과 접촉하게 되죠. 이후에는 어미 곰으로부터 아기 곰을 분리시킨답니다. 어미 곰에게 육아를 맡기지 않고 분리시키는 이유는 어미가 암실에서 나와 다시 원래의 생활로 돌아갔을 때, 다른 성인개체가 아기 곰에게 위협요소로 작용하기 때문에 난폭해질 수 있거든요. 또한 아기 곰은 사육사와 함께하는 기간이 길수록 맹수로서 가진 포악한 성질을 누르고 온순한 성질을 갖게 된답니다.

곰의 번식은 어떻게 진행되나요?

베어트리파크의 곰뿐만 아니라 모든 곰의 짝짓기 시절은 주로 여름입니다. 짝짓기를 하여 생긴 수정체는 어미 곰의 자궁에 바로 착상*하지 않고 자궁 안에서 맴돌게 되죠. 어미 곰이 겨울이 되기 전까지 부지런한 먹이 활동을 통해 영양분을 확보를 하게 되면 그제서야 착상이 이뤄진답니다. 사람과는 조금 다르죠. 만약 겨울에 임박해서도 영양분을 충분히 확보하지 못할 경우, 수정체는 착상하지 않아요. 이런 현상은 겨울에 영양공급원(씨앗, 열매, 꿀 등)을 확보하기 힘든 야생에서 생존을 위해 그렇게 진화한 것으로 보여요. 따라서 곰은 임신주기가 며칠이라고 정확히 특정하기 힘들지만, 대부분 1월 전후에 미숙아 상태로 출산을 해요. 야생에서 태어난 아기 곰은 2년간 어미 곰의 각별한 보호아래 자라게 된답니다. 곰보다 강한 포식자들(늑대, 살쾡이 등)뿐만 아니라, 번식욕구가 왕성한 수컷 곰이 간혹 아기 곰을 해치고서라도 어미 곰과 짝짓기를 시도하려하기 때문에 위험하기 때문이죠.

*착상이란? 자궁 내벽에 붙어 산소 및 영양분을 받을 수 있는 상태를 뜻함.

아기 곰의 성장과정은 어떻게 되나요?

계절별로 보는 베어트리파크 아기 곰의 성장과정은 겨울과 봄으로 나누어 살펴볼 수 있어요.

겨울의 성장과정을 알려드릴게요. 1월 전후 미숙아 상태로 아기 곰이 세상에 나오게 됩니다. 미숙아 상태로 출산을 하는 이유는 어미 곰의 신체에 가해지는 부담을 줄이기 위해서랍니다. 출생 후 3개월 동안 아기 곰은 사육사가 조성한 암실에서 어미 곰의 젖을 먹으며 자랍니다.

그 다음은 봄의 성장과정이에요. 이른 봄은 아기 곰이 엄마 품에서 떨어지는 시기인데요. 이유식을 시작하는 시기이기 때문에 실내사육장에서 사람이 먹는 분유를 먹기 시작합니다. 허겁지겁 달려와 콧방울을 킁킁 불며 먹는 아기 곰을 보면 절로 웃음이 나오더라고요. 그릇을 싹싹 비운 뒤에도 서로의 얼굴을 핥다 서로를 부둥켜안고 자는 곰은 정말 귀엽답니다.

유아에서 어린이로 성장해가는 곰들은 어느 순간 날카로운 발톱으로 사육사를 타고 올라오기 시작해요. 그렇게 키운 아기 곰은 사육사를 매우 잘 따라요. 특히 붙임성이 좋은 아기 곰은 사육사가 한 시간 동안 안고 있어도 가만히 있을 정도죠. 한번은 방송촬영을 왔는데 안겨있는 아기 곰이 너무 조용해서 리포터가 인형이라고 착각한 일도 있었답니다.

5월에는 어린이날에 맞춰 잔치를 하며, 옷을 입혀 단장해주곤 해요. 이 잔치는 베어트리파크의 연례행사로 5월 어린이날 행사에 맞추어 방문하시면 아기 곰의 탄생을 축하해 줄 수 있습니다. 케이크 커팅식 때 아기 곰도 그 케이크가 자신을 위하는 거라는 것을 아는지 케이크를 덮쳐 크림범벅이 된 적이 있답니다.

▶ 우유가 너무 맛있었던 아기 반달곰

출근시간은 오전 8시, 퇴근시간은 오후 5시로 정해져있지만, 동절기·하절기에 따라 약간씩 조정되는 편이에요. 사육사에게 출근시간은 정해져 있어도 퇴근시간은 정해져 있지 않다는 게 저만의 생각과 기준이기 때문에, 동물의 상태 등 상황에 따라 퇴근시간을 미루기도 하죠.

출근을 한 뒤에 가장 먼저 하는 업무는 사육장을 순찰하는 일이랍니다. 동물들이 사육장 안에 잘 있는지 확인을 하고, 개체 수를 확인하여 이탈한 동물이 없는지 체크하죠. 그 뒤에는 사육장 청소를 진행합니다. 배설물을 치워 깨끗한 환경을 만들어주고, 전날에 제공한 먹이는 잘 먹었는지, 움직임은 괜찮은지 확인해요. 가만히 있다면 일부러 건드려서라도 움직임을 확인하죠. 그리고 동물들의 먹이를 챙긴 뒤 건강상태를 세심하게 살핀답니다.

동물의 질병예방의 기본은 구충과 사육장 소독이에요. 적정한 시기에 구충을 도와 동물이 건강할 수 있도록 돕는 것이 사육사의 기본 업무랍니다. 마지막으로는 동물 사육시설 및 안전장치를 점검해요. 시설에 문제가 생겨 동물에게 위협이 되지 않는지, 시건장치(잠그는 장치)가 제대로 갖춰져 있는지 점검합니다. 상황에 따라 사육 환경 등 개선점을 탐색하기도 하죠. 위 과정을 기본으로 하지만, 살아있는 동물을 관리한다는 데에 있어서 중요한 것은 주기적인 관찰이에요. 그래서 한번 관찰하고 끝나는 것이 아니라 하루에도 일정주기를 두고 살펴보는 것이 중요합니다.

▶ 곰 사육장 청소

나이가 들면서 더 확실하게 느끼는 거지만, 정성들여 돌봐 준만큼 그 동물이 나를 반겨주고 반응해줄 때 보람을 느끼는 것 같아요. 먹이 주는 데에 쓰는 바가지만 살짝 들어도 기뻐하는 게 보이고, 야간 순찰을 돌 때 제가 내는 소리를 알아듣고 반응하기도 하고, 심지어 6만평 부지를 오가며 타고 다니는 제 작업용 차량도 동물들이 다 알아보더라고요.

또, 사실 어린 곰을 바로 앞에서 본다는 것이 쉬운 일이 아닌데 이 일을 하며 자연스레 접하게 되는 기회가 정말 소중하게 느껴져요. 이곳에 방문한 어린이 관람객들이 인형 장난감으로만 접했던 곰을 실제로 본 순간 표정이 엄청 밝아져요. 특히 아기 곰을 보며 행복해하며 기쁨의 소리를 지르는 모습을 보면 그런 공간을 제가 관리한다는 사실에 더욱 보람이 느껴진답니다.

그리고 2016년 베어트리파크의 곰이 영국과 두바이의 동물원으로 분양이 된 일이 있었어요. '한국에서 태어난 어린 반달곰 가족'을 찾고 있었는데, 베어트리파크가 유일하게 해당되어 교류를 가지게 되었거든요. 몇 년 전에 새끼를 낳았다는 소식을 들었는데 그 곰들이 잘 지내나 언젠가 보러가고 싶네요. 저에게는 동물과 함께 하는 모든 순간이 보람찬 것 같아요.

▶ 먹이를 달라고 손짓하는 불곰

▶ 반달곰

사육사로서 앞으로의 목표는 무엇인가요?

　곰들이 더 즐겁고 편하게 살 수 있는 곰 사육장을 만들어주고 싶어요. 베어트리파크를 방문해보신 분들은 아시겠지만, 곰 사육장이 콘크리트로 만들어져 있거든요. 곰들은 땅 파는 걸 좋아하는데 콘크리트 위에선 할 수 없고, 사육사인 제가 보기에도 삭막해 보이는 것이 마음에 걸리더라고요. 120여 마리 전부 땅을 팔 수 있는 공간을 조성해 주는 건 만만치 않겠지만, 한 마리라도 더 쾌적한 환경에서 생활할 수 있게 환경을 개선해주는 것이 현재 저의 목표랍니다. 그리고 곰들이 건강하게 지낼 만큼 저도 건강해지는 것이 목표입니다.

▶ 온기를 나누는 반달곰

▶ 구박 받는 반달곰

▶ 나무 타는 반달곰

▶ 반달곰의 가을

맹금류만의 매력에 빠져 현재 제주 화조원에서 맹금류 조련사로 커리어를 쌓아가고 있다. 동물을 사랑하고 사람들 앞에 나서기를 좋아하기에 지금의 직업은 최고의 직업이지 않은가 하는 생각을 했다. 점차 해양 동물에도 관심이 생겨 스쿠버다이빙 어드밴스 자격증까지 취득했다. 관심 분야에 있어서는 누구보다 열정적이고, 열심히 하고자 노력하는 편이다. 살면서 많은 분들께 도움을 받아왔기에 앞으로는 많은 사람들에게 즐거움과 도움을 주는 사람이고 싶다. 동물조련사를 꿈꾸는 친구들에게 나의 이야기가 조금이나마 도움이 되었으면 하는 마음이다.

김원섭 맹금류 조련사

현) 제주 화조원
• 제12회, 13회 대구펫쇼 동물 전시 및 관리 진행
• 제6회 도시농업박람회 동물 전시 및 관리
• 제14회 대구 어린이 대잔치 동물 전시 및 관리
• 대경대학교 동물사육복지과 졸업
• 스쿠버다이빙 어드밴스 자격증 취득

동물조련·사육사의 스케줄

김원섭 조련사의 **하루**

07:30 ~ 08:00
▶ 기상
08:00 ~ 08:40
▶ 출근

08:40 ~ 09:00
▶ 하루일과 사육회의
09:00 ~ 10:30
▶ 동물들 상태 확인 및 사육장 오픈 청소

10:30 ~ 11:30
▶ 공연준비 공연진행
11:30 ~ 12:00
▶ 점심

12:00 ~ 17:00
▶ 동물 관리·훈련
▶ 공연 준비
▶ 공연진행
▶ 사육장 청소
▶ 손님 응대

17:00 ~ 18:00
▶ 먹이급여 마감
18:00 ~ 18:20
▶ 하루일과 공유
▶ 업무일지 작성

18:20 ~ 19:00
▶ 퇴근
19:00 ~
▶ 퇴근 후 개인 시간

즐거움을 주는 일을 꿈꾸다

▶ 어린 시절에 키우던 앵무새와

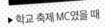

▶ 학교 축제 MC였을 때

▶ 대학시절 이동동물원 실습

학창시절에 어떤 학생이었나요?

중학교 시절부터 사람들 앞에서 춤추고 노래하며, 사람들이 보내주는 반응을 즐기는 학생이었어요. 또, 활발한 성격으로 학창시절 다양한 교내 활동을 하기도 했죠. 그 중 가장 기억에 남는 활동은 고등학교 축제 MC를 맡았던 일이었어요. 무대에 서는 것을 좋아했지만 축제MC로 큰 행사를 준비하는 과정은 힘들고 어렵기도 했어요. 그래도 좋아하는 무대에 설 수 있다는 것이 어려움보다 더 크게 다가왔고, 지금 돌이켜 생각해봐도 도전하길 잘 했다는 생각이 들어요. 친구들 앞에서 당당한 제 모습을 표현할 수 있었던 의미 있는 경험이었고, 축제 MC로서 행사를 준비하고 성공적으로 마친 후에는 정말 뿌듯했답니다.

Question 어린 시절 어떤 꿈을 갖고 계셨나요?

어린 시절부터 제가 관심을 갖고 해보고 싶었던 직업은 굉장히 다양했어요. 가수, 배우, 개그맨, 피아니스트, 동물조련사 등 정말 많은 직업군을 꿈꾸며 미래를 상상해보곤 했죠. 제가 꿈꿨던 많은 직업들의 공통점이 무엇인지 아시나요? 바로 사람들 앞에 서서 무언가를 보여주고 즐거움을 주는 직업들이에요. 가수는 노래를, 배우는 연기를, 개그맨은 웃음을, 피아니스트는 아름다운 연주를 통해 사람들에게 즐거움을 선사하죠. 이 공통점을 통해 전 사람들에게 즐거움을 주는 일을 하고 싶다는 큰 꿈을 꾸게 되었어요.

Question 동물조련사는 어떤 점에서 사람들에게
즐거움을 준다고 생각하시나요?

　고등학교 때, 친구들과 동물원에 놀러 갔었어요. 그곳에서 동물조련사분들께서 진행하시는 생태설명회를 보게 되었죠. 동물의 생김새 및 특성, 사는 환경 그리고 무엇을 먹는지 등의 설명은 관람객들의 동물에 대한 이해를 도와주었고 조련사님들을 통해 동물을 구경하는 것 이상의 즐거움을 선물 받은 느낌이 들었죠. 그렇게 동물조련사라는 직업에 매력을 느끼고 꿈을 키워갔습니다.

Question 진로 선택에 영향을 주었던 경험이 있나요?

　어린 시절부터 동물을 좋아했던 저는 동물조련사를 꿈꾸게 되면서 고등학교 때 막연히 가고 싶다고 생각했던 학과가 있었어요. 대경대학교의 동물사육복지과였죠. 사실 가고 싶다고 생각하면서도 막상 이 학교에 대해 잘 아는 것은 없었어요. 학교에 대해 더 알고 싶었던 저는 대경대학교에서 열리는 대학체험캠프 활동을 신청했어요. 1박 2일 동안 학교에서 무엇을 배우고 어떤 활동을 하는지 대학체험캠프를 통해 직접 경험할 수 있었고, 궁금한 점은 캠프에 참여한 대경대 선배님들께 질문을 하면 대답을 해주셨어요. 비슷한 목표를 가진 학생들이 모이니 관심 주제로 이야기를 나누게 되고, 주제에 깊이 다가가 토론도 하며 궁금증을 해소할 수 있는 시간이었죠. 대학체험캠프를 다녀온 뒤 진로와 진학에 대한 깊은 고민 끝에 대경대학교 동물사육복지과에 입학을 하게 되었습니다.

대학교 과정에서는 어떤 것을 공부하나요?

대경대학교 동물사육복지과를 입학한 뒤, 동물과 관련한 다양한 지식을 쌓고 경험할 수 있어서 좋았어요. 이론적인 부분들도 배우지만, 연계되어 있는 기관에 나가 동물 관련 직업(사육사/조련사/수의테크니션/동물구조사 등)을 체험하고 현장실습도 병행합니다. 학교에서 배운 이론을 바로 적용해볼 수 있어서 더욱 효과적이었어요.

제가 지금 근무하고 있는 화조원은 대학시절 현장실습을 나가 경험했던 기관이기도 해요. 화조원에는 여러 동물들이 많이 있지만 그중 조류들이 가장 많았고 조류 중에서도 흔히 잘 볼 수 없는 맹금류(독수리, 매, 부엉이, 올빼미)들이 정말 많았어요. 처음엔 제주도라는 낯선 타지에서 일을 배운다는 게 두렵게 느껴졌지만 막상 제주에 가니 생각이 바뀌었어요. 화조원에서 실제로 동물의 사육 관리 및 맹금류를 다루는 방법을 익히고, 동물원에 오시는 손님들의 체험 활동과 응대를 진행하면서 학교에서는 배울 수 없었던 값진 경험을 하게 되었죠. 4주간의 실습은 눈 깜빡할 사이에 지나갔어요. 이 때 화조원의 정직원으로 입사할 것을 다짐하게 되었죠.

Question **대학생활 중** 기억에 남는 일이 있나요?

대학 생활동안 여러 행사를 참여했는데 가장 기억에 남는 행사는 '이동 동물원 행사'였어요. 가장 어려웠지만 가장 많이 성장한 계기가 되었죠. 저희 학교에서는 다양한 동물들을 관리하고 사육하고 있어요. 학교에 있는 동물들을 데리고 나가서 직접 사육장 설치 및 건강상태를 확인해야했고, 주변을 다니는 사람들에게 홍보와 동물 설명 및 체험도 함께 진행해야했죠. 그날따라 긴장한 탓인지 동물이나 손님이 다치는 등 잦은 실수가 반복되어 파트 팀장에게 혼나기도 했어요. 마냥 즐거울 수 없는 행사였지만, 이 경험을 통해 작은 실수로 동물들의 생명이 위험해질 수 있기 때문에 사소한 부분 하나하나 세심하게 관리하고 긴장을 늦추면 안 된다는 깨달음을 얻게 되었어요.

제 경우를 간단히 설명해보자면, 동물조련사가 되기 위해 관련 학과에 입학하여 학교 전공수업 및 현장 실습과정을 통해 맹금류 조련사가 되겠다는 구체적인 진로를 설계했고, 그 이후 맹금류를 전문으로 하는 학교 연계 기관에서 실습생의 과정을 거쳐 현재의 회사인 화조원에 입사를 하게 되었어요.

▶ 카라카라매 공연 중인 모습

▶ 붉은꼬리매 공연 중인 모습

▶ 대머리수리와 함께

맹금류의
매력에
빠지다

제주도 화조원은 어떤 곳인가요?

저희 학교만의 co-op이라는 제도를 통해 졸업 전에 화조원 동물조련사로 입사하게 되었습니다. 화조원은 제 심장을 두근거리게 한 저의 첫 직장, 제 꿈의 시작입니다. 화조원은 제주시 애월읍 납읍리에 위치한, 조류 공원 형식의 동물원이에요. 다른 동물원과 다르게 동물과 직접적인 교감이 가능한 곳이에요. 일상에서 쉽게 볼 수 없는 맹금류를 볼 수 있고 4000년이나 이어온 전통 사육방식을 이용하여 관람객과 가장 가까이에서 만날 수 있도록 하고 있습니다. 맹금류들을 위한 개체별 비행시간을 직접 관람할 수 있도록 공연 형식으로 운동을 꾸준히 시키며 여러 가지 볼거리도 제공하죠. 열대조류들이 새장 안에 갇혀 있는 모습보단 관람객들이 사육장 안으로 들어가서 새들이 자유롭게 날아다니는 모습을 볼 수 있고 직접 새들에게 먹이를 주며 교감할 수 있는 공간이 존재해요.

Question

어린 시절부터 새에 대한 관심이 많으셨나요?

어린 시절, 거북이와 고양이 등의 동물을 키우는 친한 친구들이 주변에 꽤 많았습니다. 친구들이 동물을 키우는 모습을 보고, 부모님께 말씀드려 앵무새를 기르기 시작했어요. 제가 데리고 온 동물이었기에 책임감이 생기더라고요. 앵무새와 놀아주고 보살펴주며 자연스럽게 동물에 대한 관심이 커지기 시작했어요. 동물을 더욱 소중하게 생각하게 되면서 애정이 점점 더 깊어졌죠. 앵무새는 깃털이 화려하고 사람의 말을 흉내 낼 수 있다는 게 저에겐 큰 매력 포인트였다고 할까요? 앵무새를 좋아하게 되니, 관련 다큐멘터리를 보게 되고 맹금류에 대한 내용들도 자연스레 접하게 되었어요.

수많은 동물들 중 맹금류를 선택한 특별한 이유가 있나요?

처음엔 맹금류는 고기를 먹는 육식성의 사나운 새라고 생각해서 무섭게 느껴졌는데 어느 순간 맹금류가 아름답고 멋지게 보이기 시작하더라고요. 그때부터 맹금류에 대해 더 알고 싶어져서 맹금류를 공부하기 시작했어요. 맹금류는 수 없이 많은 종류로 분류가 되지만, 아주 기본적으론 독수리(vulture), 수리(eagle), 부엉이, 올빼미(owl)로 구분이 됩니다. 그리고 우리나라에서 매라고 불리는 새는 분류학적으로 수리목 수리과인 hawk와 매목 매과인 falcon 이렇게 2가지로 구분돼요. 한번쯤 들어본 소쩍새도 owl로 구별되는 맹금류랍니다. 분류도 다양하지만 각각 사는 곳, 주로 먹는 먹이, 성격, 생김새 모두 다 다르고 다양해요. 외국에 비해 동물원이 적은 우리나라에선 맹금류를 직접 훈련하고 사육·관리하는 동물원은 더욱 보기 어려웠어요. 저는 이런 희소성과 맹금류만의 본능 그리고 훈련법을 배우며 매력을 느껴 선택했어요.

조련사로 일하면서 아찔했던 순간이 있나요?

제가 입사 초에 타조를 관리하다가 타조가 탈출한 일이 있었어요. 조류를 좋아하는 저도 타조처럼 대형 조류는 막상 마주하면 겁이 났어요. 탈출한 타조가 뛰어다니면서 공원을 활보하고 다니니 너무 당황스럽고 어찌할 바를 모르겠더라고요. 그야말로 멘붕이었죠. 그나마 가까이 계신 선배님에게 "타조가 탈출해서 뛰어다녀요!" 라고 소리를 지르는 것이 제가 할 수 있는 최선이었어요. 당황한 저와는 다르게 그 소리를 들은 선배님께서 너무 태연하고 차분하게 수습하셔서 오히려 제가 더 당황했던 경험이 있습니다. 아무리 큰 동물이라도, 그 동물의 특성과 성격을 잘 파악하고 관리해주는 선배님 덕분에 아찔했던 타조 탈출 사건은 마무리가 되었답니다.

Question ## 가장 보람을 느끼는 순간은 언제인가요?

가장 기억에 남는 순간은 역시 맹금류와 공연을 마치고 손님들의 반응을 볼 때에요. 공연 자체가 신기하고 화려한 공연은 아니지만 공연하기까지 조련사도 동물들도 고생을 많이 합니다. 서로 마음을 이해하고 호흡을 맞추기까지 많은 노력을 하고 어려움도 겪게 되죠. 그래서 공연이 끝난 뒤 박수를 보내며 '감사하다, 즐거웠다.' 등의 인사를 해주시는 관객들의 말들은 저와 동물들에게 큰 힘이 된답니다.

그리고 동물들이 건강한 모습을 보일 때도 보람차요. 동물들을 위해 청소도 해주고 밥도 잘 챙겨주고 훈련도 시키는 것이 저의 업무에요. 동물들이 아프지 않게 항상 주의 깊게 지켜보며 관리를 하죠. 관리하는 동물들이 밥을 잘 먹고 깃털에 윤기가 나고 깨끗하면 덩달아 기분이 좋아지면서 열심히 돌본 보람과 함께 마음이 뿌듯해집니다.

Question ## 조련사로써 닮고 싶은 롤모델이 있으신가요?

지금까지 살아오면서 롤 모델이나 닮고 싶다고 생각해 온 인물은 크게 없는 편이었거든요. 그런데 지금은 정확히 '내 롤모델이다. 정말 닮고 싶다.' 라는 인물이 생겼어요. 바로 현재 제가 일하는 화조원의 김다정 사육팀장님이세요. 롤 모델이 회사 팀장님이라고 말하면 주변에서 다들 조금은 놀라는 분위기이긴 하죠. 하지만 그 이유를 설명하면 다들 멋지고 그럴만하다고 말씀하시더라고요. 팀장님께서는 부족한 저를 항상 믿고 맡겨주실 뿐만 아니라, 조금 느리더라도 재촉하지 않고 기다려주십니다. 새로운 일에 관해서는 먼저 시범을 보이고 가르쳐 주시죠. 제가 한 단계 더 성장할 수 있도록 이끌어주시고 함께 고민해주신답니다. 가끔 실수를 할 때면 감정적인 대처보단 이성적으로 피드백을 해주시는데, 제가 가장 본받고 싶은 모습이에요. 팀장이란 직위에서도 솔선수범하며 실무를 수행하고 누구보다 열정적으로 열심히 일하시는 모습은 제게 늘 자극이 된답니다. 항상 바쁜 와중에도 동물들을 위해 주의를 기울이시고 신속하면서 꼼꼼하게 관리하는 모습도 꼭 닮아가고 싶은 부분에요. 평소엔 냉정하면서 카리스마 있는 모습의 팀장님이지만 힘들거나 지친 팀원들을 따뜻하게 감싸주신답니다. 어쩌면 단지 직장 상사가 아니라 인생 멘토, 인생의 선생님이시지 않을까요? 언제나 저의 귀감이 되어주시는 팀장님처럼 저도 훌륭한 조련사가 되고 싶어요.

Question **조련사로서 앞으로의 목표는 무엇인가요?**

현재 근무하고 있는 화조원이 동물과 사람 모두가 편안한 공간이 되도록 기대하며 제가 담당하는 업무에 더욱 집중하고자 노력하고 있습니다. 소박한 목표일지 모르지만, 제가 동물조련사를 꿈꿨던 가장 큰 이유가 동물과 사람들에게 즐거움을 주는 것이었기에 저에겐 의미 있는 목표라고 생각해요. 동물원에서 함께 하는 동물들을 돌보는 기본적인 업무부터 동물원을 찾은 관람객들에게도 즐겁고 행복한 시간을 선사하는 것이 동물조련사로서 저의 커리어를 키워나가는데 현재 가장 중요한 일이라고 생각합니다.

▶ 흰머리수리와 함께

시간과
정성이 필요한
조련사의 길

▶ 금강앵무새 훈련 중

▶ 흰머리수리 훈련 중

▶ 검독수리 훈련 중

Question 맹금류 조련을 위해 특별한 훈련이 있나요?

맹금류는 겉보기에도 날카로운 부리와 발톱을 가지고 있어요. 아주 날카롭고 한번 잡으면 놓지 않는 본능이 있어서 보호 장비 없이 맹금류를 다룬다면 크게 다치게 되요. 그래서 두껍고 긴 가죽장갑을 왼손에 끼는 것이고, 이는 맹금류 조련사들에게 내려온 아주 오래된 전통이랍니다. 요즘은 오른손 전용 가죽장갑도 나오지만 많이 이용하진 않더라고요. 처음엔 오른손잡이인데 왼손에만 장갑을 껴야 하는 게 불편하기도 하고 한 손으로 큰 맹금을 들기도 하니 무겁고 힘들었어요. 훈련이 거듭될수록 숙련이 되면서 이제는 장갑 낀 제 모습도 멋있게 보일만큼 여유가 생겼어요.

Question 맹금류는 조련사를 잘 따르나요?

맹금류들이 조련사의 손에 날아오기까지는 오랜 노력과 시간이 걸린답니다. 사람을 무서워하는 개체들의 경우, 주변에 자연스럽게 앉아있으면서 사람이 무서운 존재가 아니라는 것을 알려줘요. 조금씩 친밀감을 쌓아가며 손에 올라오면 조금씩 터치를 하기 시작합니다. 갑자기 만지면 놀라서 날아가거나 조련사를 공격할 수도 있기에 인내심을 갖고 천천히 오랜 기간 적응시켜주기 위해 노력을 하죠. 한 번에 오랜 시간을 훈련하면 힘들어하기 때문에 아주 가까운 거리부터 조금씩 거리를 늘려서 손으로 날아오도록 훈련합니다. 실내에서 손에 날아오는 것이 훈련이 되고 나면 야외에서 진행을 하는데요. 처음엔 안전을 위해 줄을 묶고 훈련을 하고 호출 훈련이 익숙해지면 줄을 풀고 비행연습을 진행합니다. 이렇게 엄청 오랜 시간과 노력을 통해 맹금류가 조련사의 신호에 반응을 하고 손 위에 날아와 앉습니다. 입사 한지 3개월 쯤 되었을 때 담당하던 붉은 꼬리매가 제 장갑 낀 손에 날아온 순간을 아직도 잊을 수가 없어요.

혹시 비행 연습 중에 날아가서
돌아오지 않으면 어떡해요?

혹시 모를 안전사고를 위해 추적기나 GPS를 달아둬요. 멀리 가거나, 돌아오지 않을 경우 추적기나 GPS를 사용하여 바로바로 찾을 수 있도록 한답니다.

맹금류는 어떤 음식을 제일 좋아하나요? 특식이 있나요?

맹금류들은 육식을 해요. 맹금류의 종류가 다양한 만큼 먹이 종류도 너무나 다양하답니다. 맹금류들에게는 야생에서 사냥할 수 있는 먹잇감이 가장 좋은 특식이라 생각합니다. 송골매 같은 경우 비둘기를 사냥하고, 올빼미과 맹금류들은 작은 포유류나 설치류 등을 사냥한답니다. 흰머리수리를 포함한 물수리 종류들은 물고기도 즐겨먹어요. 너무 다양한 식단이라 가장 기본적인 닭고기를 주식으로 하고 주기적으로 야생에서 사냥하는 특식을 급여하고 있어요. 가끔 관람객들께서 맹금류들이 먹이를 먹는 모습을 보면 징그럽다고 하시거나, 먹고 있는 먹이를 보고는 불쌍하다고 말씀하시기도 해요. 하지만 야생에서 먹는 먹이를 먹기 좋게 손질 한 것이라서 맹금류들에겐 사람들이 치킨이나 고기를 먹는 것처럼 기분 좋은 식사 시간이랍니다.

맹금류에 대해 어떤 정보를 알고 있으면 조련에 도움이 될까요?

일단 맹금류에 대한 이해가 중요해요. 동물을 조련하고 훈련을 하려면 그 동물이 야생에서 어떻게 지내는지 잘 아는 게 우선인 것 같아요.

맹금류들은 다른 동물들과 달리 많이 먹고 배부른 상태는 좋지 않아요. 오히려 포만감을 느끼는 것보다 과하지 않은 상태가 훨씬 건강하죠. 이유는 야생에서 맹금류들은 극도로 추운 극지방이나 매우 더운 사막에도 많이 분포되어 있어서 항상 사냥할 먹잇감이나 물을 풍족하게 먹을 수 있는 환경이 아니기 때문입니다. 이런 환경적 특성을 이해하는 것이 중요해요. 잘 모르고 먹이를 주게 되면 몸이 무거워져서 비행을 하지 않으려 하고 결과적으로 발에 염증이나 관절염이 생겨 건강을 악화시키게 된답니다. 맹금류들이 비행하기 적합한 몸의 상태(몸무게, 공복시간, 깃털상태, 발상태 등)를 수시로 확인해야 됩니다.

그리고 맹금류들에게는 사냥 시에 비행하는 공간도 아주 중요해요. 예를 들어 비행속도가 그리 빠르지 못한 참매의 경우 좁은 틈이나 장애물 사이를 아주 날렵하게 피할 수 있는 능력을 가지고 있어요. 그래서 먹잇감들이 장애물 때문에 쉽게 도망가지 못하는 환경을 이용해 빠르지 못한 문제를 보완하여 사냥을 주로 합니다. 반대로 속도가 매우 빠른 송골매의 경우, 장애물이 없는 절벽이나 넓은 바다의 하늘에서 빠른 속도를 이용하여 사냥을 합니다.

이처럼 맹금류들도 각자가 야생에서 지내는 생태환경이 다르기 때문에 이런 것들을 잘 파악해서 환경을 조성해주어야 합니다. 사람들이 느끼는 감정이나 성격, 행동이 다른 것처럼 동물들도 성격과 행동이 다양하기 때문에 알기까지 어려움이 많더라고요. 하지만 이 점은 내가 먼저 동물에게 천천히 다가가고 마음을 열어준다면 시간이 해결해주는 것 같아요.

맹금류 조련사가 되기 위해 특별히 개발해야 하는 능력이 있나요?

윈손 힘이 좋으면 도움이 됩니다. 맹금류 가죽 장갑은 오른손보다 왼손을 메인으로 사용하며, 맹금류를 대부분 왼손으로 들거든요. 작은 맹금류도 있지만 맹금류들은 대부분 몸집이 크고 무겁기 때문에 왼손과 왼팔의 힘을 키울 수 있는 근력운동이 도움이 될 것 같아요.

Question 마지막으로 학생들에게 해주고 싶은 말씀이 있으신가요?

동물조련사를 꿈꾸는 분들에게 꼭 해주고 싶은 말이 있어요. 제가 처음 할아버지께 "저의 꿈은 동물조련사예요." 라고 말씀드리자 "무슨 짐승을 돌보냐, 그런 직업을 왜 하냐."라는 속상한 이야기를 들었죠. 누군가에게는 동물조련사가 매력적으로 느껴지지 않을 수도 있어요. 하지만 자신이 이 직업에 대해 얼마만큼 매력적으로 느끼고 자부심을 가지고 있는지가 더 중요해요. 제가 직접 동물조련사로 일을 하며 점점 더 매력에 빠지고 있거든요. 동물의 종류도 다양하고 동물 종마다 조련하는 방법과 난이도도 다릅니다. 자신이 맡은 동물을 정성을 다해 보살피고 조련함으로써 자신과 동물이 하나가 될 때 조련사로써 자부심을 가질 수 있다고 생각해요.

그리고 강한 마음을 가져야 해요. 동물들의 수명은 사람보다 짧고, 돌보던 동물들이 질병으로 인해 곁을 떠나는 일들이 생각보다 많이 일어나거든요. 마음은 많이 힘들지만, 동물들과 함께 하는 시간과 경험은 더 큰 행복을 준답니다.

▶ 해리스매와 함께

유독 잠이 많았지만 아침에 "동물원 가자!"는 소리에는 자다 가도 벌떡 일어나 누구보다 빠르게 외출 준비를 할 정도로 동물을 좋아했다. 진로에 대한 고민을 하면서 적극적으로 다양한 대학교에 대해 알아보기 시작했고 여러 동물들을 사육 관리 할 수 있는 학교를 선택하여 진학했다. 대학 진학 후 진학 전부터 목표로 했던 스터디에 들어갔고 그 곳에서 처음 배정 받은 동물은 뱀이었다. 담당 동물인 뱀과 교감하고 관찰을 하다 보니 그동안 갖고 있던 편견과 오해들이 모두 사라졌다. 그렇게 파충류에 대한 관심이 깊어지며 관련 지식을 쌓아 지금은 파충류 담당 사육사로서 일하고 있다. 특수동물과 함께 하는 삶은 그 무엇보다 매력적이라고 느껴진다.

배주성 파충류 사육사

현) 애니멀 뮤지엄 The Zoo 파충류 사육사
• 전) 악동애니멀힐링카페 전 개체 총괄
• 전) ㈜ 쥬라기, 쥬라리움 파충류 담당
• 전) 대전 아쿠아리움 파충류 담당
• 전) 제이렙타일 파충류 담당
• 서울호서직업전문학교 애완동물과 졸업
• 특수동물관리사 자격증 취득
• 관상어관리사 자격증 취득

동물조련·사육사의 스케줄

배주성 사육사의 하루

12:00
▶ 동물원 출근
12:00 ~ 13:30
▶ 동물원 순찰 및 사육장 내부 정비

13:30 ~ 14:00
▶ 동물원 내부 프로그램 진행
14:00 ~ 14:30
▶ 사료 제조 및 급여

14:30 ~ 15:00
▶ 시설 정비 및 보수
15:00 ~ 15:30
▶ 생태설명회 프로그램 진행

15:30 ~ 16:00
▶ 담당 파트 정밀 관찰
16:00 ~ 16:30
▶ 사육장 내부 행동풍부화 프로그램 설치

16:30 ~ 17:00
▶ 동물원 내부 프로그램 진행
17:30 ~ 18:00
▶ 동물원 정리 및 마감

18:00 ~ 19:30
▶ 귀가
19:30 ~
▶ 개인 정비 시간 및 취침

동물을 통해 변화되다

▶ 어린시절

▶ 어릴 적부터 동물이 좋아

▶ 일하는 모습

Question ## 어린 시절에 어떤 분이셨나요?

부끄럼도 많고 소극적인 성격이었던 어린 시절의 저는 학교에서 발표하는 것도 부담을 가지던 그런 아이였어요. 무언가를 할 때 선뜻 나서려고 하지 않는 편이였죠. 그런데 신기하게도 관심 주제가 나오면 달라졌어요. 대화의 주제는 늘 동물이었죠. 동물 이야기를 할 때면 누구보다 적극적으로 대화를 이끌어 갔고 친구들이 모르는 동물이 있을 때에는 먼저 나서서 설명을 해주는 모습을 보이곤 했어요.

앉아서 공부하는 것보다 운동장에서 시간 보내는 것을 좋아하는 편이었던 것 같아요. 주말에 종종 부모님과 함께 용인의 놀이동산에 놀러가곤 했는데, 놀이기구를 타는 것보다 동물을 구경하는 것을 좋아했어요. 놀이동산에서의 시간보다 동물원에서 동물을 관람하는 시간이 훨씬 길었죠. 어느 날 동물원에서 우연히 바깥 산책 나온 동물을 보았어요. 그 동물과 한번이라도 같이 놀아보고 싶은 마음에 쫓아가다가 실내 사육장까지 들어갈 뻔 했던 기억이 있네요.

Question ## 소극적인 성격이 변화된 계기가 있나요?

어린 시절의 소극적이었던 성격이 동물과 함께 지내면서 점차 변화하더니 지금은 완전히 다른 적극적인 성격으로 변하게 되었답니다. 아마도 그 계기는 대학교 시절 방학기간에 전시관 아르바이트였던 것 같아요. 많은 사람들 앞에 서서 동물을 소개하는 업무였는데 이 경험이 제 성격을 바꿔주었죠.

어린 시절 장래희망은 무엇이었나요?

　어린 시절 장래희망은 동물과 관련된 직업이 아닌 소방관과 개그맨이었습니다. 그 당시에 남들을 위해 봉사하고 헌신하는 직업이 멋있다고 생각했거든요. 소방관은 위험한 상황에서도 다른 사람의 생명을 살리기 위해 노력하는 점이 특히 멋있었고, 개그맨은 다른 사람들에게 웃음을 주기 위해 아이디어를 짜고 개그를 통해 웃음을 선물하는 모습이 멋있게 느껴졌던 것 같아요.

Question **어린 시절부터 함께 한** 동물이 있나요?

　아쉽게도 함께 했던 동물은 없었어요. 어렸을 때 꼭 반려동물을 키워보고 싶었지만 여건이 되지 않아 키우지 못했죠. 그 마음을 달래고 싶어 동물 인형으로 대신하곤 했답니다. 가장 좋아했던 동물 인형은 대형 고양이과 동물인 사자와 호랑이 인형이었어요. 어린 시절이라 기억이 나지 않지만 아버지께서 말씀해주시기로는 다른 아이들은 한창 유행하던 캐릭터 인형을 사달라고 투정을 부렸는데 저는 호랑이 인형을 사달라고 투정부리는 아이었다고 하시더라고요. 처음엔 안 된다고 거절하셨지만 너무 간절하게 갖고 싶어 하며 투정 부리는 제 모습을 보시고는 결국 사주셨대요.

동물과
교감하는
삶을 꿈꾸다

▶ 관람객들과 함께

▶ 미어캣 먹이 주기

▶ 카피바라 돌보기

'사육사'가 되기로 결심했던 계기는 무엇인가요?

동물을 좋아했지만 함께 시간을 보내지 못했기에 동물과 함께 시간을 많이 보낼 수 있는 직업에 자연스레 관심을 갖게 되었어요. TV를 통해 사육사님들의 모습을 접하게 되면서, 그 분들이 담당 동물을 바라보고 함께 하는 모습에서 행복을 느낄 수 있었죠. 동물과 교감하며 함께 어울리는 모습을 저의 미래에 대입해보곤 했어요. 간접적으로나마 볼 수 있었던 사육사님의 모습이 제게는 굉장히 멋져보였답니다. 그 때 꼭 어른이 되면 사육사가 될 것이라고 다짐했어요.

진로 결정에 있어서 도움을 주신 분이 계신가요?

아무래도 유독 동물을 좋아하는 저를 위해 자주 동물원에 함께 가 주신 부모님의 영향이 크지 않았을까요? 동물을 가까이에서 볼 수 있는 기회를 제공해주신 덕분에 사육사라는 진로를 빠르게 결정할 수 있었어요.

하지만 정작 사육사를 꿈꾸기 시작했을 땐 부모님께서 반대하셨죠. 사육사라는 직업이 보기엔 정말 행복해 보이지만, 많은 어려움을 겪을 수 있다는 것 때문이었어요. 누구보다 사육사의 꿈이 간절했던 저는 부모님을 설득하기 시작했어요. 좋아하는 일을 한다면, 그 일을 하면서 오는 어려움과 고난은 견뎌낼 자신이 있으니 꿈을 응원해달라고 말이죠. 그 결과 부모님께서는 저의 꿈을 지지해주기 시작하셨고 지금은 다른 사람들에게 저를 소개할 때 '우리 아들 직업이 사육사예요.' 라며 자랑스럽게 말씀하신답니다.

사육사가 되기까지 어떤 과정을 거치셨나요?

사육사가 되기 위해서 관련 대학을 반드시 진학해야하는 것은 아니에요. 하지만 저는 조금 더 동물에 대해 전문적인 지식을 쌓고 싶어서 관련된 학과가 있는 대학을 선택하여 진학하게 되었어요. 학교에 따라 입학 기준이 모두 다르지만, 제가 입학한 학교(서울호서직업전문학교)는 면접의 비율이 높았어요. 사육사가 되기 위해서 취득할 수 있는 다양한 자격증들이 있어요. 예를 들면 반려동물관리사, 특수동물관리사, 축산기사자격증 등이 있죠. 저도 대학 진학 이후에 특수동물관리사, 관상어관리사 자격증을 취득하여 사육사가 되기 위한 준비를 했답니다. 졸업 후 취업을 위해 관심 동물원에 지원을 하였고 입사 이후부터 사육사로서의 업무를 수행하게 되었습니다.

대학교 시절 기억에 남는 일들이 있나요?

진학 전부터 목표로 했던 저희 학교의 동아리가 있었어요. 입학한 뒤 동아리에 합류했죠. 동아리의 가장 큰 장점은 여러 동물을 직접 접해볼 수 있다는 점과 다른 동기들보다 먼저 특수동물 관리를 시작할 수 있는 기회가 제공된다는 점이었어요. 동물행동심리학을 배우는 동시에 동물관리에 직접 적용하면서 동물들의 행동을 빠르게 이해할 수 있었답니다. 동아리에서 처음 배정 받은 동물이 뱀이었는데요. 배정받고 나니 뱀을 자세히 관찰을 하는 시간이 많아졌어요. 뱀과 교감을 하면서 그동안 갖고 있던 편견과 오해들이 모두 사라지게 되었죠. 직접적으로 생명을 다뤄야하기 때문에 자연스레 학교 공부 이외에 개인적으로도 시간을 투자하여 자료를 조사하여 공부하게 되더라고요. 조사한 내용을 토대로 사육관리에 대입하며 많은 경험을 쌓았답니다.

또한 방학 때는 실무를 강화하기 위해 직접 동물원이나 아쿠아리움을 방문하여 동물원의 시설을 관리하는 방법, 사육장 내부 환경 조성 등 선배 사육사님들에게 조언을 듣곤 했죠. 돌아보니 동물에 대한 열정이 있었기에 경험할 수 있었던 일들이었네요.

특수 동물을 관리하고 계시는데, 특별한 계기가 있나요?

사육사를 꿈꾸며 동아리에서 뱀을 처음 접하게 되었고, 그 이후로 뱀의 매력에 점점 빠져들게 되었어요. 관심이 많아지니 관련된 공부를 자연스레 하게 되면서 다양한 파충류들로 그 관심이 확대되더라고요. 학교에서 많은 파충류들을 담당하며 관련 경험을 쌓아왔던 것이 특수동물을 관리하게 된 가장 큰 계기가 되었던 것 같아요. 파충류의 옛 공룡을 닮은 모습과 느긋한 행동패턴이 저에겐 큰 매력 포인트였거든요. 자주 관찰을 하다 보니 무엇을 원해서 하는 행동인지 읽히더라고요. 파충류들은 의외로 단순한 성격을 가지고 있는 것 같아요.

▶ 그린 아나콘다

▶ 그린트리파이톤

▶ 그린이구아나

▶ 알거스모니터

파충류사육사가
되다

▶ 파충류와 교감하기

▶ 육지거북과 함께

▶ 사육장에서

현재 일하고 계신 THE ZOO를 소개해주세요.

제가 현재 근무하고 있는 THE ZOO 라는 동물원은 서울 강동구에 위치한 도심 속 실내동물원입니다. 실내동물원의 한계를 넘어 동물 보존과 보호를 목표로 나아가고 있답니다. 관람객에게 생태교육과 동물보호를 위한 정보를 제공하고 동물들에  게는 행동풍부화를 통한 복지를 제공하고자 노력하고 있어요. THE ZOO는 조금 더 교육적이고 심층적인 동물 안내를 목적으로 하고 있어요. 그래서 관람객들의 오감을 통한 정보 제공을 위해 여러 가지 프로그램 연구하고 개발하는데도 많은 시간과 노력을 투자하고 있답니다.

담당하는 동물은 어떤 친구들인가요?

제가 현재 담당하는 동물은 파충류입니다. 많은 개체들이 있지만 대표적으로 몇몇 친구들을 소개해드릴게요.

첫 번째 동물은 그물무늬 비단뱀입니다. 세계에서 가장 길게 성장하는 뱀으로 유명하죠. 몸길이가 대체로 4.8~7.6m정도에요. 엄청 길지 않나요? 복잡하면도 신기한 무늬를 가지고 있으며 색도 여러 가지가 섞여 있어요. 육식성이기 때문에 조류나 포유류를 잡아먹는데 몸이 커질수록 먹이도 큰 먹이를 잡아먹는답니다.

두 번째 동물은 알다브라 코끼리 거북이에요. 세계에서 2번째로 큰 육지거북으로 등껍질의 길이가 암컷은 90cm, 수컷은 120cm 정도랍니다. 수명이 80~120년 정도인데 최대 255년을 산 개체가 기록되어 있다고 해요.

마지막 동물은 공룡을 닮은 블랙 워터 모니터입니다. 몸길이가 1.5~2m정도 되는 왕도

마뱀이에요. 굉장히 특이한 경우인데요. 일반적으로 몸의 색깔은 회색 같은 무채색에 베이지색의 동그란 무늬를 가지고 있지만 멜라닌 색소가 과다하게 들어가 검정색을 띄게 되었어요. 오히려 원래의 색보다 단색의 검정색을 띄어 더욱 멋지게 느껴진답니다. 이 외에도 다양한 파충류들을 담당하여 사육 및 관리하고 있습니다.

▶ 알다브라 코끼리 거북   ▶ 블랙 워터 모니터

가장 기억에 남는 파충류 동물과의 에피소드가 있나요?

이건 파충류사육사만이 경험할 수 있는 에피소드일 것 같아요. 저는 도마뱀들의 탈피하는 모습들이 가장 기억에 남아요. 뱀 종류들은 탈피하게 될 때 머리부터 꼬리까지 끊이지 않고 한 번에 벗어내거든요. 반면에 도마뱀들은 부분적으로 탈피를 진행하기 때문에 한 번에 이어지지 않고 부위 별로 허물을 차근차근 벗어낸답니다. 그 중에서도 카멜레온과, 도마뱀붙이류의 탈피 과정이 가장 인상 깊어요. 도마뱀붙이류는 탈피 과정에서 생긴 허물을 온전히 그 자리에 두지 않아요. 허물을 본인이 직접 섭취하여 다시 영양분으로 보충을 하죠. 카멜레온 같은 경우에는 몸통과 다리, 꼬리 벗는 부분은 다른 도마뱀과 다를 바 없지만 튀어나온 눈에 뒤덮인 허물은 본인이 스스로 앞발을 사용하여 허물을 잡아 뜯어내요. 독특한 탈피과정을 보여주는 파충류들이 기억에 오래 남네요.

가장 보람을 느끼는 순간은 언제인가요?

전 새 생명이 탄생 했을 때 가장 보람을 느껴요. 잘 알려진 포유류는 어미 뱃속에 있다가 건강하게 출산하는 반면, 파충류는 알로 번식을 해요. 알을 낳은 뒤에는 어미가 돌보는 경우가 거의 없답니다. 그렇기 때문에 사육사가 어미가 낳은 알을 인큐베이터에 옮기고 내부 온·습도를 일정하게 유지해주면서 부화할 때까지 지극정성으로 돌봅니다. 관리하는 과정이 많이 복잡하지만 시간이 흐르고 스스로 알의 껍데기를 깨고 나오는 모습을 보면 그 과정을 싹 잊게 되더라고요. 그저 알을 깨고 나오는 새끼의 모습이 대견하고 뿌듯합니다.

Question **사육사의 하루 일과는 어떻게 진행되나요?**

아침에 기상하여 외출 준비를 합니다. 외출준비를 끝내고 동물원으로 출근하게 되면 지난 밤 특이사항이 없는지 한 바퀴 둘러보면서 육안으로 관찰한 후에 작업복으로 환복하고 사육장에 직접 들어가 각 개체들을 꼼꼼하게 들여다보는 정밀 관찰을 진행해요. 그리고 사육장 내부 정돈을 진행한답니다. 사육장 정비를 끝마치고 나면 동물들의 먹이를 챙겨주는데, 요일마다 식단이 다르거든요. 요일마다 해당하는 먹이를 준비한답니다. 그 이후엔 체험프로그램 및 생태설명회를 진행하죠. 동물원에서 근무하면서 관람객들과 직접 만나는 시간이 바로 이 시간이에요. 방문하신 관람객들이 동물과 더욱 가까워지고 쉽게 교감할 수 있도록 도움을 주고 있답니다. 동물원 업무를 마치면 집으로 귀가해서 편하게 휴식을 취하죠.

사육사로서 앞으로의 목표는 무엇인가요?

지금처럼 동물만을 바라보는 좋은 사육사가 되고 싶습니다. 앞으로의 비전을 위해 꾸준히 동물에 대해 공부하기 위한 시간투자를 하려고 해요. 저의 지식과 경험을 통하여 처음 동물을 접하는 사람들에게 큰 도움이 된다면 저에게 또 다른 동기부여와 보람이 될 것 같아요. 더 큰 목표가 있다면 제 개인의 사육 공간을 보유하는 것이에요. 여건 상 키우지 못했던 개체들을 저만의 공간에서 자유롭게 돌보며, 동물들과 교감하고 싶어요.

Question **마지막으로 학생들에게 해주고 싶은 말씀이 있으신가요?**

동물과 함께하는 시간은 정말 행복하고 기억이 오래 남아요. 하지만 사육사가 되기 위해선 한 생명의 일생을 끝까지 관리해 주어야 하기 때문에 강한 책임감이 필요하답니다. 또한 살아있는 생명이기 때문에 많은 변수가 있어요. 동물은 키우는 공식은 많지만 정작 정해진 답은 없기 때문에 동물에 대해 알아가면서 하나만 알고 넘어가지 말고 여러 방향으로 넓게 알아가기 위해 노력하는 친구들이 되었으면 좋겠네요.

말 산업에 종사하셨던 아버지의 영향으로 어렸을 적부터 말과의 교감과 소통을 좋아하여 한국경마축산고등학교로 진학했고, 말과 관련된 꿈을 키워나갔다. 해외 몇몇 나라에 연수를 다녀오면서 스스로의 실력과 경험이 부족했음을 느끼고 국내에서 탄탄한 실력과 경험을 쌓기로 다짐했다. 그렇게 장수육성목장 MJ트레이닝에서 근무를 시작했다. 한참 행복하게 일을 하고 있던 시기에 군 입대를 하고, 진지하게 진로에 대해 고민을 했다. 그 결과 말과 함께 일을 할 때 가장 행복하고 나 다울 수 있다는 확신이 들어 더 넓은 환경에서 경험을 쌓고 도전하고 싶어졌다. 정들었던 일터를 떠나 새롭게 부산경남경마공원에 마필관리사로 근무를 시작하게 되었다. 아직도 부족함이 많고 배워야할 것도 많지만, 한층 더 성장해나갈 나의 미래가 궁금하고, 여전히 말과 함께 할 수 있음에 행복하고 즐겁다. 앞으로도 그럴 것이다.

양인혁 말 조련사

현) 부산경남경마공원
- 전) 장수육성목장 - MJ 트레이닝
- Richmond TAFE NSW 이수 certificate2
- 축산기능사 자격증 취득
- 한국축산경마고등학교 말산업과 졸업

동물조련·사육사의 스케줄

양인혁
조련사의
하루

05:00
▶ 기상 및 출근
  (간단한 스트레칭)

05:00 ~ 06:00
▶ 마방 관리(마방청소, 급수)
  및 기승준비
▶ 동향 파악

06:00 ~ 09:00
▶ 마필 기승훈련 및 수장
  (운동 후 샤워)

09:00 ~ 09:30
▶ 사료급여 및 급수

09:30 ~ 10:30
▶ 마필 바디컨디션 체크 및
  환마 치료

10:30 ~ 11:00
▶ 건초급여 및 급수

11:00 ~ 13:30
▶ 식사 및 휴식시간

13:30 ~ 14:30
▶ 간단한 마방관리 및
  급수, 환마체크

14:30 ~ 15:00
▶ 간략한 회의

15:00 ~
▶ 퇴근 및 개인시간

내 인생의
**멘토,
아버지**

▶ 장애물 넘기 훈련 중

▶ 장수육성목장에서

▶ 경주마 육성중

학창시절 어떤 학생이셨나요?

저는 학창시절에 매우 활발한 성격을 가진 학생이었습니다. 가만히 있는 것보다는 야외에서 친구들과 뛰놀며 활동하는 것을 유독 좋아했답니다. 활동적인 저의 성격이 부지런히 몸을 움직이고, 말과 함께 뛰어야하는 현재 직업의 특성과 잘 맞았다고 생각해요.

Question 말과의 첫 만남은 언제였나요?

말 산업에 종사하시던 아버지의 영향으로 어린 시절부터 말과 함께 생활할 수 있는 환경이 조성되어 있었습니다. 하지만 3남매 중 막내였던 저는 형, 누나와는 달리 유독 말을 무서워하고 겁도 많은 아이었죠. 아버지의 제안으로 초등학교 5학년 즈음 처음으로 말을 타게 되었어요. 말과 함께 생활하는 것은 익숙했지만, 타는 것은 또 다른 경험이었어요. 겁이 많아 움츠려있던 제 옆에서 말과 교감하며 어울릴 수 있는 수 있도록 아버지께서 많이 도와주셨고, 점차 말을 타는 것에 자신감이 생기게 되더라고요. 그 이후로 말과 함께 할수록 제가 더 밝아지는 게 눈에 보였고, 말이 제게 주는 행복도 크게 느껴졌어요. 겁 많고 두려웠던 첫 만남이 저의 인생의 방향을 바꾸게 된 거죠.

진로 선택에 영향을 주신 분이 있나요?

제가 진로를 선택하는데 큰 영향을 끼치신 두 분이 계십니다. 한 분은 저희 아버지이시고, 다른 한 분은 현재 웅지승마장을 운영하고 계시는 김경남 원장님이세요. 어린 시절부터 저는 유독 아버지를 잘 따랐어요. 아버지가 너무 좋아서 졸졸 쫓아다닐 정도였죠. 그러다보니 아버지가 하시는 모든 일에 관심을 갖게 되고, 말과의 접점이 많아졌어요. 아버지 옆에서 조금씩 말을 타는 경험을 하며, 말의 매력에 빠지게 된 저는 본격적으로 말을 타기로 결심을 했죠.

말을 타게 되면서 만나게 된 분이 바로 김경남 원장님이었어요. 저에게 영향력을 끼치신 이 두 분의 공통점이 있어요. 바로 항상 자신보다도 말을 더 우선시하여 생각하고, 말을 진심으로 사랑하는 모습이었죠. 두 분의 그런 모습은 저에게 큰 영감이 되었고 '나도 멋진 말 조련사가 되고 싶다.'라고 막연하게 꿈을 꾸기 시작했습니다.

말과 관련한 고등학교를 선택한 계기는 무엇인가요?

막연하게 말 조련사가 되고 싶다고 꿈을 꾸기 시작했지만, 꿈을 이루기 위해서 어떤 과정을 거쳐야 할지 막막하기도 하고 고민이 많았습니다. 말 산업에 종사하시던 아버지는 제게 많은 도움을 주셨죠. 진로를 결정한 이후, 제게 한국경마축산고등학교를 알려주신 분이 바로 아버지였어요. 이 학교에 진학하여 말에 대한 전문 교육을 받아보는 것은 어떤지 제안하셨죠. 아버지께 제안을 받고서 학교에 대한 정보를 찾아보니 말 산업 전문 기술인 육성을 목표로 한 학교더라고요. 좋은 교육 환경에서 체계적인 교육을 받을 수 있겠다는 생각이 들어 입학을 결정하게 되었답니다.

Question **한국경마축산고등학교는** 어떤 곳인가요?

한국경마축산고등학교는 현재 국내 유일하게 말 산업 마이스터고로 지정된 학교입니다. 전문 교육뿐만 아니라 산학 협력 및 연계 교육 프로그램이 잘 되어 있어서 학생들에게 많은 해외연수 및 교육과정 기회가 주어지는 학교예요. 실제 학교에는 3만 여 평의 목장과 50마리의 말이 있고, 한국마사회와 연계하여 학교에서 배운 내용을 현장에서 실습할 수 있는 장점을 가지고 있습니다.

말 산업
선진국을
다녀오다

▶ 호주 연수 시절 훈련 중

▶ 실내연습장에서

▶ 경주마 훈련 중

호주로 말 산업 관련 연수를 다녀오셨는데 어떤 계기가 있었나요?

한국경마축산고등학교는 국내·외 말 산업 선진기관과 MOU 등을 체결하고 있어요. 말 산업 선진국가인 호주, 일본, 프랑스, 독일 등에서 경험을 할 수 있는 글로벌 현장체험 학습 지원 프로그램을 가지고 있는 게 제가 다닌 고등학교의 큰 장점이죠. 학교 지원 프로그램을 통해서 일본과 호주에 연수를 가는 기회를 얻게 되었어요.

제가 해외연수를 결심한 계기는 분명했어요. 우리나라보다 말 산업이 발전되어 있는 국가에서 현지의 말 산업 문화와 말 관리, 조련 등의 선진기술을 직접 경험하고 습득하고 싶었기 때문이었답니다. 수많은 말 산업 선진 국가들 중에 저는 우리나라와 지리적으로 가까운 일본과 말 산업을 비교적 쉽게 경험해볼 수 있는 호주로 연수 방향을 세웠죠.

해외연수에서 경험한 것들에 대해 이야기 해주세요

한국경마축산고등학교를 다니며 연계되어 있는 기관 또는 목장에서 실습교육을 받았어요. 일본에서는 <일본육성목장> 현장에서 약 두 달 동안 실습을 받았고, 호주에서는 <Tafe nsw richmond>라는 학교에서 3개월 간 말 산업 자격연계 교육과정에 대한 연수를 받고, 호주 경마장에서 현장실습을 받았습니다.

짧은 과정이지만 일본과 호주의 해외 연수를 통해 경마에 대한 인식이 많이 변하게 되었어요. 우리나라의 경우 경마는 도박 등의 부정적인 인식이 대부분이지만, 말 산업 선진국은 경마를 축제로 인식하고 국민들이 함께 즐길 수 있는 분위기가 조성되어 있거든요.

두 국가 모두 개인의 의지가 있다면 해외 연수를 통해 경험하기에 충분히 가치가 있다고 생각해요. 우리나라보다 훨씬 발전된 말 산업 기술을 갖고 있고, 우리나라와 말 사양 관리하는데 차이점들을 직접 보고 느낄 수 있거든요.

말 조련사가 되기 위해서 해외 연수가 필수인가요?

해외 연수가 필수라고 생각하지는 않아요. 국내에도 한국마사회가 주관하는 교육과정을 비롯하여, 민간시설(목장, 승마장 등)을 통해서도 교육을 받을 수 있어요. 제가 다녔던 한국경마축산고등학교와 같이 말 산업 인력양성을 이끄는 고등학교들도 꽤 있어요.

예를 들면, 한국마사고, 한국말산업고, 서귀포산업과학고, 용운고 등이 있습니다. 승마와 경마를 포함한 국내 말 산업 시장은 점차 규모가 커지고 있어요. 해외 연수가 필수는 아니지만 '아는 만큼 보인다.'라는 말이 있듯이 말 산업 선진국에 직접 가서 보고 경험하고 배우는 기회가 생긴다면 가보기를 추천해요. 조련사로서 시야를 넓힐 수 있고 더 폭넓은 성장을 할 수 있다고 생각하기 때문이에요. 해외 연수는 무엇보다 자신의 의지가 가장 중요합니다.

고등학교 때까지 승마를 하시다가, 말 조련사로 전향하게 된 계기가 무엇인가요?

어린 시절부터 말을 타다보니, 처음에는 승마로 시작하게 되었죠. 승마를 한다고 해서 자연스럽게 경주마 조련사로 전향할 수 있는 것은 아니에요. 승마 분야의 말 조련사와 경주 분야의 말 조련사가 각각 따로 존재하거든요. 아무래도 승용마들의 성향은 대체로 온순한 편이에요. 반면에 경주마들은 많이 사납기도 하고 까칠한 편이죠. 기본적인 말 타는 것을 배우기 시작할 때 자연스럽게 온순한 승용마들이 있는 승마를 접하게 된 거에요. 그게 훨씬 쉽고 빠르거든요.

승마를 하면서 점차 진로에 대한 고민이 생겼어요. 승마 분야의 조련사가 되어야 할지, 경주마 분야의 조련사가 되어야 할지 내적 갈등을 했던 것 같아요. 마이스터고이다 보니 고등학교 3학년이 되면 취업을 준비하고 결정해야 했죠. 고민을 하던 중에 승마보다는 좀 더 와일드한 느낌을 주는 경주마를 조련하고 관리하는 것에 더 흥미를 느끼고 있다는 것을 깨달았고 경주마 조련사로 진로를 결정하게 되었죠. 지금 돌이켜보니 전 경주마 조련이 참 잘 맞는 것 같아요. 보람도 많이 느끼고 있고요.

Question 경주마 육성 과정은 어떻게 진행되나요?

경주마 육성 과정은 크게 전기 육성과 후기 육성 두 가지로 나눌 수 있어요. 처음 태어나서 18개월까지를 '전기 육성'이라고 하며, 이 후 진짜 훈련이 시작되는 '후기 육성'이 진행되죠.

전기 육성 시기는 엄마 말과 함께 생활하며 젖을 먹는 시기예요. 특별히 무언가를 훈련시키기보다는 잘 성장할 수 있는 환경을 제공해 주는 것이 가장 중요해요. 후기 육성 시기에는 체계적인 길들이기와 조련에 돌입합니다. 사람과 교감하는 방법부터 시작해서 기승 훈련, 워킹 머신에 들어가 걷는 훈련 등을 본격적으로 시작하죠. 경주마로 데뷔하기 전, 뛰어난 경주마가 되기 위해서는 기초 훈련이 매우 중요하기 때문이에요. 어린 마필들은 출발대 안에 들어가는 걸 싫어하기 때문에 출발대 적응 훈련도 함께 진행한답니다.

끊임없이
배우고
경험해야

▶ 담당 중인 조련 말

▶ 담당 말과 교감중

▶ 말 조련 중에

현재 하시고 계신 일에 대한 설명을 부탁드립니다.

저는 현재 부산경남경마공원에서 근무하고 있습니다. 부산경남경마공원은 2005년에 개장한 곳으로 국내 경마산업이 선진국 경마로 발돋움하는데 기틀을 마련한 곳이에요. 주로 말들이 경주마로 데뷔를 하고, 경주를 뛰어 성적을 내는 곳이죠.

운동선수를 예로 들어볼까요? 제가 근무하는 곳의 말들이 바로 운동선수에요. 운동선수인 말이 대회에 출전하게 되는 거죠. 말 조련사인 저는 운동선수를 담당하는 코치와 감독의 역할을 수행해요. 말을 매니지먼트 하는 거죠. 말의 컨디션을 관리하고 운동 능력 향상을 위해 훈련을 진행하고 부상이 있을 경우 환부를 치료하는 등의 역할을 담당합니다.

조련사님의 하루 일과는 어떻게 되나요?

하루 일과는 다른 직업들보다 일찍 시작해요. 저의 출근 시간은 5시입니다. 많은 사람들이 잠에서 깨기 전 저의 하루 일과는 시작된답니다. 덕분에 기상은 4시에 해야 해요. 오전 일과는 출근시간인 5시부터 11시까지 진행됩니다. 이 시간 동안에는 말들을 관리하는 업무를 주로 수행한답니다. 마방을 깨끗하게 청소하고 식사를 챙겨준 뒤 말들의 컨디션을 체크해요. 식사를 잘 하는지, 아픈 말은 없는지 꼼꼼하게 확인해야 하죠. 확인을 마친 후에는 말들을 운동시킨답니다.

바쁜 오전 일과를 마치고 나면 11시부터 1시 30분까지 조련사들의 식사 및 휴식시간이 주어집니다. 휴식을 마친 뒤 약 1시간가량 다시 한 번 마방을 돌면서 아픈 말이 있는지 꼼꼼하게 컨디션을 체크해요. 이 업무가 저의 하루의 마지막 일과랍니다. 그렇게 하루의 일과를 마치면 퇴근을 합니다. 하루를 일찍 시작한 만큼 퇴근도 일찍 하게 돼요. 새벽에 일어나서 피곤할 수도 있지만 그것도 금방 적응이 되더라고요.

말 조련을 하면서 가장 기억에 남는 순간이 있으신가요?

제가 장수육성목장에서 근무를 하던 시절이었어요. 담당하던 말 중에 엄청 예민하고 까칠한 성격을 가진 말이 있었어요. 사람을 무서워하고 신뢰를 갖지 못하는 편이였죠. 저도 처음엔 이 말에게 다가가는 것이 조심스럽더라고요. 그러나 포기하지 않고 지속적으로 관심을 갖고 사랑을 주니 제 진심을 알아준 것 같아요. 어느 순간 저에게 먼저 다가오기 시작하면서 애교를 부리는 모습을 보니, 말로 표현할 수 없는 그런 뿌듯함과 기쁨이 느껴지더라고요. 지금까지도 말을 조련하고 관리하면서 가장 기억에 남는 감격스러운 순간이에요.

말 조련사로서 앞으로의 목표는 무엇인가요?

현재 저의 목표는 경마장에서 조교사가 되는 것이에요. 조교사는 경마장의 가장 높은 지위를 가진 사람이라고 보시면 돼요. 경마장에서 말들을 조교하고 관리하는 총괄책임을 담당하는 사람이죠. 조교사가 되기 위해서는 기본적으로 성실하게 근무를 하여 경주마에 대한 이해와 지식을 많이 쌓아야합니다.

12년 이상의 경주마 관련 직종 경력이 있어야만 자격증 시험을 볼 수 있는 자격이 주어진답니다. 자격증 시험에서 합격을 한 이후에도 면접 등의 이후 과정을 또 거쳐야 해서 조교사가 되는 것은 상당한 노력이 필요해요. 지금은 스스로 많이 부족하다고 생각하며 더 열심히 공부하고 배워서 성장하고자 노력하고 있어요. 개인의 능력이 부족하면 할 수 있는 것들이 제한적이다 보니 더 발전하고 싶은 욕구가 생기는 것 같아요. 조교사가 되기 위한 과정을 준비하면서도 국가와 한국마사회에서 응시할 수 있는 자격증 시험에 도전해서 많은 자격증을 취득하려고 합니다.

말 조련사 자격증이 있나요?

우리나라에서 동물 관련 자격증은 대체로 민간자격증이에요. 하지만 말 조련사 자격증은 다르답니다. 국가에서 인정하는 국가전문자격증(말 산업 육성법 제11조)으로 구분되고 있어요. 응시는 만 17세 이상부터 가능하고, 1급·2급·3급의 3단계로 이루어져 있답니다.

시험의 과정은 필기시험과 실기시험으로 구성되어 있어요. 필기과목은 마술학, 마학, 말보건 관리, 말 관련 상식 및 법규의 4개 과목으로 구성되어 있고, 실기 시험은 마술과 말 조련 및 관리실무 2개 과목으로 구성되어 있어요. 연 1회 시행하고 있기 때문에 열심히 준비해야 한답니다. 필기시험에 합격하면 1차 실기(마술 과목) 시험을 치르게 되고, 최종적으로 2차 실기(말 조련 및 관리실무 과목)까지 합격해야 합니다. 이 외에도 한국마사회에서 실시하는 자체 자격증들도 있답니다.

끝으로 청소년들에게 해주고 싶은 말씀이 있으신가요?

우선 말 조련사를 꿈꾸고 있을 친구들에게 솔직하게 해주고 싶은 말은 신중하게 생각해보라고 하고 싶어요. 말과 함께 하는 시간이 너무 행복하고 보람되지만, 생각보다 몸이 다칠 수 있는 상황들을 자주 접하게 되고 많은 체력이 필요하거든요. 더구나 말도 못하고 덩치가 큰 동물을 관리하고 조련하는 업무는 굉장히 힘든 점도 많답니다. 단순히 말을 좋아해서 선택하거나, 쉽게 생각해서 선택하면 이 일이 어려울 수도 있어요.

앞서 말씀드린 부분을 충분히 숙지하고 동물을 정말 사랑하고 큰 동물에 관심이 많아 선택한다면 충분히 매력 있는 직업이라고 생각합니다. 또 말과 현재 함께하며 배우고 있는 학생들에게는 끊임없이 배우기 위해 노력하고 도전하라는 말을 해주고 싶네요. 동물에게는 정답이 없어요. 이론보다는 경험이 더 중요한 것 같아요. 항상 넓은 시야를 가지고 바라보고 열린 마음으로 받아들이려는 자세로 임하길 바라는 마음이에요. 많은 친구들이 말에 대해 관심을 갖고 조련사에 도전해봤으면 좋겠네요.

어릴 적부터 동물을 좋아했기에 동물의 삶과 질을 바꿔주는 사육사를 꿈꿨다. 유소년 시절은 특히 동물과 함께 한 시간이 많았다. 동물사육사가 되기 위해 동물에 대한 기본 지식을 쌓기 위해 노력했고, 관련 학과에 진학했다. 전공에 집중하여 대학 졸업 이후에 꿈에 그리던 사육사가 되었다. 현재 아쿠아플라넷 일산에서 동물들과 함께 즐겁게 지내고 있다. 동물과 함께 사육사 일을 시작한지 제법 시간이 지났지만 아직도 미숙한 부분이 많다는 생각이 든다. 하지만 담당하고 있는 동물들이 행복하게 지낼 수 있도록 열심히 노력을 하는 노력과 사육사가 되고 싶다.

문규봉 펭귄·비버 사육사

현) 한화 아쿠아플라넷 일산
• 전) 제주 퍼시픽랜드
• 대구 허브힐즈 실습
• 경주목장 실습
• 대경대학교 동물사육복지과 졸업

동물조련·사육사의 스케줄

문규봉
사육사의
하루

17:00 ~ 18:00
▶ 회의 및 마무리 점검
18:00 ~
▶ 퇴근

09:00
▶ 출근 / 생물체크
09:00 ~ 10:00
▶ 동물 사 청소

14:00 ~ 16:00
▶ 각종 업무
16:00 ~ 17:00
▶ 마무리 청소 및
  저녁급여

10:00 ~ 11:00
▶ 동물 식사시간
11:00 ~ 12:00
▶ 생태설명회

13:00 ~ 14:00
▶ 동물관찰시간

12:00 ~ 13:00
▶ 점심

사람친구보다 동물친구가 더 많아

▶ 어릴 적 시골에 살던 시절

▶ 대학교시절 담당동물(청금강앵무)

▶ 대학교시절 조류동아리

어린 시절은 어떠셨나요?

어린 시절 저는 또래 친구들보다 키와 덩치가 작은 편이었어요. 그래서인지 초등학교 시절엔 자신감이 없어 다른 친구들 앞에 나서는 게 부끄러운 아이였습니다. 소심한 성격 탓에 친구들이 많이 없었고, 친구들과 어울려 지내는 시간보단 혼자 보내는 시간이 많았던 것 같아요. 그 시간을 통해 자연스럽게 주  변을 주의 깊게 바라보는 관찰력이 발달하게 되었답니다. 지금 생각해보니 사람보다 동물을 좋아했고, 동물을 관찰하며 하루를 보내던 어린 시절 저에게 사육사라는 직업은 최고의 직업이 아니었을까 하는 생각이 드네요.

학창시절은 어떠셨나요?

고등학교 시절엔 평범한 아이였어요. 공부나 운동을 잘하는 우등생과는 거리가 멀었던 것 같기도 하네요. 변화가 있었다면 초등학교 시절과는 다르게 성격이 활발해지면서 친구가 많아졌어요. 학생회 간부 및 부반장도 여러 번 했답니다. 친구들과의 관계가 원만했고 선생님의 말씀을 잘 들어 모범학생이라는 타이틀은 항상 저의 몫이었어요. 보통 수업시간에 딴 짓을 하다가 혼나는 친구들 많이 있죠? 제가 고등학교 다니던 시절에 제 친구들은 수업시간에 만화책을 보다가 혼나는 경우가 많았어요. 근데 저는 특이하게 만화책이 아닌 동물 관련 서적을 몰래 읽다가 선생님께 들켜서 혼났던 적이 종종 있었답니다.

Question 동물과의 인연은 언제부터 시작되었나요?

어렸을 적 할머니와 함께 시골에서 자랐기 때문에 동물 친구들을 접할 일이 많았어요. 할머니께서 농사일로 바쁘셨기에 걸음마를 시작할 무렵부터 집 앞에 있는 소와 닭, 염소, 강아지들과 노는 시간이 많았거든요. 이때부터 동물과 보내는 생활이 당연하고 익숙했죠. 어린 시절의 제 곁에는 사람들보다 동물이 더 많았고, 항상 제 주위에 있어준 많은 동물들 덕분에 동물에 대한 남다른 애정이 자연스럽게 생겼던 것 같아요. 동물들은 어린 시절 시골에서 심심했던 저에겐 유일한 친구이자 즐거움을 주는 존재였죠.

Question 사육사라는 꿈을 가지게 된 계기는 무엇인가요?

초등학교 6학년 때, 현장체험학습을 통해 용인에 있는 동물원에 가게 되었어요. 동물을 좋아하던 제게 그 당시 본 사육사의 모습은 매력적으로 다가왔고, 사육사라는 직업을 동경하게 만들었죠. 특히 사육사의 손짓 한 번에 수백 마리의 새들이 날아오는 공연을 보면서, 동물과 교감하고 있는 그 사육사분이 어느 누구보다 멋있어보였고, 저도 동물들과 함께 교감을 나누고 싶다는 생각이 들었죠. 그 때 이후로 전 사육사를 꿈꾸게 되었습니다. 수백 마리의 새를 진두지휘하던 그 사육사님의 영향이었는지 학창시절엔 특히나 하늘을 자유롭게 나는 새를 많이 좋아했던 것 같네요.

사육사라는 장래희망이 바뀐 적은 없나요?

부모님께서는 제가 안정적인 공무원이 되길 바라셨지만, 전 이날 이후로 줄곧 사육사라는 직업을 꿈꿔 왔습니다. 보통 어릴 적 장래희망이 성장하면서 주변사람들의 조언과 환경으로 인해 바뀌는 경우가 많죠. 그럼에도 저는 초등학교 6학년부터 고등학교 3학년 때까지 일관되게 학생기록부 장래희망 란에 사육사라고 적을 정도로 사육사가 너무 되고 싶었어요. 사육사에 대한 열정이 컸던 제게 고등학교 3학년 당시 담임선생님께서는 동물과 관련된 학과 상담을 많이 해주셨어요. 선생님의 상담 덕분에 진로에 한 발짝 다가갈 수 있는 좋은 기회가 되었답니다.

어린 시절부터 사육사가 꿈이셨는데, 사육사가 되기 위해 어떤 노력을 하셨나요?

사육사라는 확실한 목표는 있었지만, 그 진로를 위해 어떤 준비를 해야 하는지 너무나 막연했기 때문에 학창시절엔 고민도 많았던 것 같습니다. '이 직업을 위해 학생인 내가 준비해야할게 뭘까?' 하며 고민을 해봐도 그 당시 저에겐 너무나 어려운 문제였기 때문에 제가 할 수 있는 일들을 열심히 하기로 결심했죠. 바로 동물 관련 서적을 많이 읽는 것이었어요. 초등학생들이 읽는 동물백과사전부터 전문가들이 보는 동물들에 관한 다양한 이야기와 서적들을 읽었어요.

동물 서적을 읽는 것만으로 동물들의 다양한 습성과 행동을 이해할 수 있게 되었고, 동물들을 더 좋아하게 되는 계기가 되었던 것 같습니다. 동물관련 다큐멘터리는 그 어디서도 배울 수 없는 저만의 과외활동이었던 것 같습니다. 공부는 어렵고 힘들게 느껴졌지만, 동물 다큐멘터리는 보는 것만으로도 배움의 기쁨을 느낄 수 있었죠. 그렇게 책으로, 다큐멘터리로 들어온 각종 동물들에 관한 지식은 제 머리에 깊이 기억되었답니다.

Question 학창시절 '사육사'라는 꿈은 어떤 의미였나요?

제가 남들보다 더 잘할 수 있는 일이 뭐가 있을까 항상 고민하던 청소년 시절, 동물은 남들과 경쟁해서 남들보다 더 잘해야 한다는 생각을 가지고 있던 저에게, 남들보다 잘하는 것보다 내가 더 열심히 하고 즐겁게 할 수 있는 일을 하는 것이 더 중요하다는 깨달음을 주었습니다. 사육사라는 진로는 저에게 즐거움과 깨달음을 줄 수 있는 소중한 장래희망이었습니다.

▶ 제주도 동물 테마파크에서 일하던 시절

▶ 말 생태설명회 진행

▶ 아쿠아플라넷 수조 대청소

대학교 전공학과는 어떻게 선택하셨나요?

저는 동물관련 특성화고등학교를 진학하고 싶었지만, 집안 사정상 가까운 인문계고등학교로 진학을 해야 했어요. 그래서 대학교라도 동물관련학과로 가기 위해 고등학교에 진학해 이과를 선택했죠. 고등학교 졸업이 다가오면서 대학과 학과를 선택해야하는 시기가 왔어요. 사육사의 꿈을 이루고 싶다는 생각은 변함이 없었고, 대학교만큼은 전문적으로 동물관련학과에서 공부해보고 싶다는 욕심도 더욱 커졌죠. 그래서 대경대학교 동물사육복지학과를 선택하게 되었습니다.

Question 대학교의 수업은 어떻게 이루어졌나요?

수업은 다양하게 영장류, 애견, 소(小)동물, 조류, 말, 파충류 등의 수업이 있어서 특정한 동물에 치우치지 않고 배우고 싶은 동물들에 대해 다양하게 배울 수 있었어요. 뿐만 아니라 교육 과정에 직접적인 실습도 있었기에 동물원, 말 목장 실습도 중간 중간 접할 수 있는 기회가 있어서 동물 사육시스템에 대해서 미리 배워볼 수 있는 유익한 시간도 제공되었어요.

대학교 시절은 여러 종류의 동물을 접하고 공부하며 하루하루가 너무 짧게 느껴질 정도로 바쁜 학창시절을 보냈어요. 책으로만 공부하던 저에게 직접 동물을 접하고 경험하며 배우는 학습은 어렵기도 하고 힘들기도 하고 생각할 것도 많았지만, 그만큼 기억에 남는 시간이 되었답니다.

동물사육사가 되기까지 과정이 어떻게 되시나요?

제가 사육사의 꿈을 이루기 위해 진학한 학교는 대경대학교 동물조련이벤트학과였습니다. 현재는 동물사육복지과로 학과명이 변경되었죠. 이 학과를 선택한 이유는 동물들에 대해 여러 가지 배움의 열정이 있던 저에게 다양한 생물을 접하고 배울 수 있다는 장점 때문이었어요. 하지만 동물과 관련된 학업은 의욕만으로 할 수 있는 간단한 일이 아니었습니다.

대학에서의 수업은 대부분 동물을 직접적으로 배울 수 있는 실습수업으로 구성되어 있었기에 담당하는 생물을 정하고 직접 사육하는 과정을 거쳐야했어요. 동물에 대한 책임감도 함께 배울 수 있는 시간이었던 것 같아요. 담당 생물이 아프거나 몸이 불편할 땐 밤새 간호하고 돌보기도 하였고, 수업이 끝난 후에는 담당 생물과 보내는 시간이 많았죠. 지금 생각해보면 대학시절은 동물로 시작해서 동물로 끝나는 하루였습니다. 그 모든 과정은 동물에 대한 공부도 되었지만, 생명에 대한 소중함과 책임감을 배우는 시간이기도 했던 것 같네요.

대학을 다니던 중 국방의 의무를 다하기 위해 휴학을 하고 군대를 가게 되었어요. 전역 후 복학을 하면서 막연하게 동물원에 취업해서 일을 하고 싶다는 생각을 하게 되었죠. 보통 학교를 졸업한 선배들이나 교수님들이 여러 방면으로 취업에 관한 정보와 도움을 주곤 하는데요, 각자의 적성에 맞는 곳으로 취업을 준비하게 되죠. '어디서부터 준비를 해야 할까?' 고민하던 저에게 한 교수님께서 제주도의 동물테마파크를 추천해주셨고 그곳에서 현장실습을 한 뒤, 처음으로 동물사육사라는 제 꿈을 이룰 수 있는 행운이 시작되었답니다.

현재 일하고 계신 아쿠아플라넷은 어떤 곳인가요?

아쿠아플라넷의 '아쿠아'는 바다의 웅장함 그리고 해양과학과 인간의 만남을 뜻하며, '플라넷'은 "아쿠아플라넷"에서만 느낄 수 있는 첨단과학의 컨셉을 관람객이 직접 우주 행성을 탐험하듯 즐기게 한다는 의미를 가지고 있어요. 해양문화의 가치와 생태계보존을 대중에게 널리 알리기 위해 열심히 노력하고 있답니다. 현재는 일산, 여수, 63빌딩(여의도), 제주까지 총 4군데의 사업장이 있는데 저는 아쿠아플라넷 일산에서 동물들과 함께 자리를 지키고 있습니다.

아쿠아플라넷에 들어온 계기가 무엇이고,

어떤 일을 하고 있나요?

제가 이 회사를 들어오게 된 계기는 동물들에 대한 배움과 안정적인 시스템이 크게 영향을 미쳤습니다. 아쿠아플라넷은 사업장이 다양한 만큼 동물에 대한 사육정보와 시스템이 방대할 것이라고 생각했고 조금 더 동물들에 대해 배워보고 싶어 입사지원을 했죠. 예상은 적중했습니다. 4개의 사업장이 있는 만큼, 생물에 관한 끝없는 연구와 다양한 사육정보, 체계적인 시스템은 동물사육사로서의 저의 역량을 한층 더 발전하게 해주는 원동력이 되어주고 있어요. 입사한 뒤, 저는 아쿠아플라넷에서 말, 당나귀, 염소, 양, 토끼, 펭귄, 비버 등 다양한 생물을 담당하여 사육사하고 있는 동물사육사랍니다.

Question | **사육사님의 오전 일과는** 어떻게 진행되나요?

9시에 업무를 시작하면서 담당 동물들을 체크한답니다. 밤새 아픈 친구들은 없는지 살펴보며 동물들과 아침인사를 나누죠. 동물들 체크를 끝낸 후 약 10시까지 동물 사 청소를 시작해요. 동물들이 지내는 공간이 쾌적하게 유지될 수 있도록 깨끗하게 청소한답니다. 깨끗하게 청소하고 나면 뿌듯하지만, 역시 청소는 힘든 일이에요. 청소가 끝나면 1시간 정도 동물들의 식사를 위해 밥을 급여합니다. 밥은 잘 먹고 있는지, 아파서 식사량이 줄어들지는 않는지 꼼꼼하게 관찰하여 급여를 진행하죠. 오전일과의 마지막은 생태설명회로 마무리가 됩니다. 동물을 보러 온 관람객들에게 아쿠아플라넷에 함께 하고 있는 동물들의 다양한 습성과 환경에 대해 간단하게 설명하며 해설해주는 시간이에요. 여러분도 동물에 대해 사육사분들의 설명이 듣고 싶다면 '생태설명회'에 참여해보는 걸 추천해요.

Question | **오후 일과는** 어떻게 진행되나요?

생태설명회가 끝나고 점심시간에 맛있는 식사를 하고 나면 1시부터 오후 업무를 시작하게 되는데 다시 담당 동물들을 관찰하는 시간을 갖습니다. 식사 후에 동물들이 불편해하지는 않는지 집중적으로 관찰하는 시간이죠. 두 번째 관찰 시간이 지나면 각종 업무를 수행합니다. 보통 전시장 보수 및 생물들을 위한 행동 풍부화 등 다양한 업무를 수행하게 된답니다. 그리고 마무리 청소와 동물들에게 저녁을 급여해요. 하루의 마지막 일과는 회의 및 마무리 점검이에요. 동물의 이상 상태나 특이사항을 일지에 기록하고 함께 근무하시는 직원들과 파트별로 생물에 대해 공유하고 회의를 하는데요. 이 업무가 끝나면 저도 퇴근을 한답니다.

펭귄, 비버, 그리고 나의 삶

▶ 담당 펭귄 밥 주는 중

▶ 담당 비버와 함께

▶ 아쿠아플라넷 직원들과 함께

아침에 출근해서 인사하고 퇴근할 때까지 제 곁에 있는 이 친구들의 매력은 엄청나요. 각자의 매력 포인트가 분명하죠.

제가 생각하는 펭귄의 매력은 호기심 같아요. 펭귄은 낯선 물건을 보여주면 겁을 먹고 저 멀리 도망을 갔다가도 호기심이 굉장히 많기 때문에 슬쩍슬쩍 눈치 보며 다가오거든요. 펭귄은 대체로 공동체 생활을 많이 하기 때문에 무리 중 한 마리가 용기를 내서 다가오면 다른 친구들이 따라옵니다, 그 모습을 보고 있으면 호기심 많은 어린 아이들을 보는 것 같아서 웃음이 나기도 해요.

비버 친구들의 매력은 역시 부지런함입니다. 이 친구들은 나무가 있으면 열심히 옮겨서 집을 짓는 친구들로 유명하답니다. 아침에 비버 사육장에 나무를 넣어주면 하루 종일 물어서 옮기고 나르고 집을 짓는답니다. 엄청 바쁘게 움직이는 비버 친구들이죠. 가끔은 비버의 부지런함을 보면서 스스로 나태해진 저를 반성하고 배울 때가 많답니다.

비버가 잘 먹는 음식은 무엇인가요?

비버는 설치류 동물인데요. 수중생활에 적응되어 있고 댐을 만드는 것으로 유명한 동물이에요. 특이한 특징을 소개하자면 비버의 앞니는 평생토록 자란답니다. 그래서 무언가를 끊임없이 갉아서 자라나는 이빨을 닳게 만들어야 해요. 저희 아쿠아플라넷에서는 이빨이 계속 자라는 비버들을 위해 매일 신선한 나무를 제공해주고 있어요. 비버는 제공해
주는 나무로 집도 짓고 장난도 치고, 앞니도 갉고, 먹기도 해요. 그렇다고 나무를 먹는 걸 제일 좋아하진 않아요. 아무리 비버라도 나무보단 과일을 더 좋아하는 것 같아요. 비버들에게 계절마다 신선한 계절과일을 급여하고 있거든요. 여름에는 더위를 해소하는데 수박이 제일 좋잖아요? 비버들도 수박을 잘 먹는답니다. 지난여름에 비버들에게 시원한 수박을 준 적이 있는데, 달고 맛있는 빨간 부위만 먹고 버리는 귀여운 편식도 하더라고요. 채소보다는 달콤한 과일을 더 잘 먹는 것 같아요.

Question 펭귄은 주로 무엇을 먹나요?

펭귄은 조류에 속하는 동물인데, 많은 사람들이 잘 알고 있는 것처럼 물고기(생선)를 먹어요. 저희가 주식으로 제공하는 생선은 양미리와 열빙어라는 생선이에요. 양미리는 언뜻 보기에 미꾸라지와 생긴 게 비슷해 보이기도 해요. 겨울 제철 생선이죠. 열빙어는 작고 납작하게 생긴 생선이에요. 이 2가지 생선이 특식이라기 보단 무더운 여름철에는 양미리와 열빙어를 얼음에 꽁꽁 얼려서 시원하게 주면 펭귄들이 좋아하더라고요. 생각보다 예민한 친구들이라 환경이 바뀌거나 겁을 먹으면 밥을 잘 안 먹는 일들도 생기곤 하는데요. 그래서 펭귄들에게 밥을 줄 때면 펭귄들이 놀라지 않게 하는 것이 가장 중요한 것 같아요.

동물 사육에 있어서 제일 중요하게 생각하는 것은 무엇인가요?

　　조금 특이할 수도 있는데요. 사육사로서 제일 중요한 요소는 팀워크라고 생각해요. 보통 사육을 기술이라고 생각하는 분들도 많은데, 사육은 사육사 혼자 잘한다고 해서 할 수 있는 직업이 절대 아니에요. 저희 사육사도 업무를 수행하면서 쉬는 날들이 있거든요. 제가 쉬는 날에는 저를 대신해 누군가 제 담당 생물을 문제가 발생하지 않도록 잘 돌봐주어야 해요. 그러기 위해서는 함께 일하는 팀의 동료사육사에게 저의 업무를 차질 없도록 인수인계해야 하는데요. 인수인계가 잘 진행될 수 있도록 하기 위해서 사육 매뉴얼이 존재하고 서로의 휴무일에 매뉴얼을 바탕으로 팀원들의 동물을 관리하게 되죠.

　　사육사마다 개개인의 업무 방법과 방식이 다를 수 있어요. 의견에 마찰이 생기더라도 서로 존중하고 대화를 통해 잘 조율할 수 있는 역량과 한 팀으로서 서로를 보완해 줄 수 있는 팀워크가 반드시 필요해요. 서로의 사고와 업무 방식에는 차이가 있어도 동물을 아끼는 마음과 건강하게 돌보고자 하는 마음은 같기에 동료사육사와 팀워크를 잘 맞춘다면 업무에 있어서 굉장히 안정적인 사육을 할 수 있을 것이라고 생각해요.

펭귄과 비버를 사육하면서 가장 기억에 남는 순간이 있으셨나요?

　　기억에 남는 순간이라기보다는 일종의 직업병이라고나 할까요? 비버는 나무를 하루 종일 앞니로 갉는 습성이 있어요. 매일 비버와 함께 생활을 하다 보니 길거리를 걷다가 길에 가지치기한 나뭇가지들이 뭉쳐져 있으면 '아.. 비버한테 가져다주고 싶다.' 이런 생각이 들더라고요. 맛있는 걸 먹으면 나의 자녀에게도 사주고 싶은 아빠의 마음인 것 같아요.

사육사가 되려면 동물 관련 자격증이 필요한가요?

사육사가 되기 위해 동물자격증이 꼭 필요한 건 아니에요. 동물자격증이 없어도 충분히 사육사가 될 수 있어요. 다만 동물 관련 자격증을 보유하고 있거나 관련된 학과를 졸업하면 취업 준비를 할 때 남들보다 조금 더 유리한 면이 있어요. 채용 공고를 보게 되면 동물 관련 자격증을 가지고 있는 사람을 우대한다는 내용을 기재한 동물원이나 수족관이 있거든요. 취업뿐만 아니라 자신의 성장을 위해서 자격증 취득에 도전하기를 추천해요. 자격증 공부를 하다보면 자연스럽게 동물에 관한 지식이 쌓이게 되고 전문성도 갖추게 되거든요. 하지만 말 그대로 자격증은 우대 조건일 뿐, 필수 요소는 아니랍니다.

앞으로의 목표는 무엇인가요?

저는 스스로 아직 부족한 것이 많다고 생각해요. 동물사육사로서 앞으로도 끊임없이 배우고 발전하고 싶습니다. 학창시절부터 재밌게 보던 동물과 관련한 다큐멘터리는 지금까지도 저의 애청 프로그램이랍니다. 사람이 진화하고 발전하는 것처럼 동물들도 끊임없이 진화하고 발전합니다. 그들의 발전에 맞춰 동물을 사육하는 사육사들도 끊임없이 동물의 습성을 이해하고 맞춰 갈수 있도록 노력해야하지 않을까요?

최근에는 많은 사람들이 동물 복지에 대해 관심을 갖기 시작했어요. 동물을 사랑하고 가장 가까이에서 소통하는 저희 사육사들의 입장에서도 동물복지를 위해 열심히 노력해야한다고 느끼고 있답니다. 동물원에서 사육사들이 존재하는 이유는 바로 동물들에게 주어진 현재의 환경, 이 환경에서 동물들이 더 행복하게 살 수 있게 노력 하는 것이 아닐까하는 생각이 드네요. 저는 앞으로 동물과 사람이 함께 공존할 수 있고, 동물들이 주어진 환경에서 행복하게 살 수 있게 최선을 다하는 동물사육사가 되고 싶습니다.

사육사를 꿈꾸는 친구들에게 해주고 싶은 말씀이 있으신가요?

　분명 이 책을 읽고 있는 친구들은 동물조련사 또는 사육사의 꿈을 꾸는 친구들이겠죠? 저도 동물이 좋아서 사육사를 꿈꾸게 되었고, 이 직업을 시작한지 어느덧 8년이 지났네요. 사육사로 일을 하면서 힘든 일도 많아 솔직하게 그만두고 싶었던 적도 있었는데요. 그래도 돌아보면 보람찬 순간이 더 많았어요. 시간이 참 빠르게 지나간 것 같네요.

　때로는 사육사라는 직업이 누군가에겐 좋지 못한 시선으로 비춰지는 경우도 있고 누군가에겐 비판의 대상이 될 때도 있는데요. 타인의 시선과 생각보다도 자신이 맡은 동물을 위해 최선을 다하는 멋진 사육사가 되셨으면 좋겠어요. 훗날 동물업계에서 선후배가 되어 만나길 바랄게요.

▶ 물범훈련

동물조련·사육사에게 청소년들이 묻다

청소년들이 동물조련·사육사에게
직접 물어보는 12가지 질문

사육사들의 하루일과는 반복적인가요?

보통은 정해진 스케줄의 흐름대로 하루의 일과를 수행하고 있지만, 동물과 함께 하는 업무는 정해진 대로만 흘러가지는 않아요. 언제든 예상치 못한 돌발 상황이 발생하기 때문이죠. 생물이 아프거나 문제가 발생하면 밥 먹을 시간도 없이 생물을 돌보기도 하고, 퇴근하지도 못하고 야근하거나 밤을 새는 일도 발생할 수 있습니다. 내 담당 동물에게 문제가 발생했는데 퇴근할 수는 없겠죠.

반달곰도 겨울잠을 자나요?

곰 하면 겨울잠이 먼저 떠오르기 때문인지 베어트리파크의 곰도 겨울잠을 자는지 궁금해 하는 친구들이 많더라고요. 사실 곰이 겨울잠을 자는 건 야생의 겨울엔 열매와 같이 먹을 영양공급원이 없어 생존을 위해 가을까지 엄청난 양의 영양을 비축하고 잠에 드는 것이에요. 사계절 내내 일정한 먹이를 공급받는 베어트리파크 곰은 움직임이 약간 둔해질 뿐 겨울잠을 자진 않는 답니다.

동물원에 대한 사람들의 오해와 진실은 무엇인가요?

많은 사람들이 동물원이라는 공간이 그저 사람들에게 즐거움만을 주기 위한 공간이라고 오해하곤 해요. 사실 그렇지 않답니다. 동물원은 사람들에게 즐거움을 줄 뿐만 아니라, 야생에서의 부상 혹은 다른 문제로 인해 자연으로 돌아가지 못하는 동물들의 치료 및 케어하고, 멸종위기에 놓인 동물들의 종을 보전하기 위한 역할을 수행하기도 합니다.

파충류 사육사만이 필요한 업무 스킬이 있을까요?

다양한 능력들이 필요하지만 제일 중요하다고 생각하는 건 세밀한 관찰력입니다. 파충류를 사육할 때 다른 동물들과 다르게 사육장을 야생 환경과 비슷하게 꾸미게 되거든요. 파충류들은 몸에 있는 보호색이 뛰어나다 보니 대충 관찰하게 되면 어디 있는지 찾기 힘들 때가 많기도 해요. 움직임도 적다보니 비슷한 모습을 많이 보게 되는데 사소한 행동 하나하나를 놓치지 않고 관찰해야 한답니다. 가끔, 사소한 행동이 특이사항으로 변하게 되기도 하니까요.

관찰력과 더불어 민첩성도 갖추면 좋을 듯합니다. 파충류 특유의 느긋하게 누워있는 모습에 방심해선 안 된답니다. 사육장 안에서 갑자기 공격성을 띨 때가 있는데, 공격 순간속도가 굉장히 빠르기 때문에 사육장 안에서는 항상 개체들을 눈에 담아두고 긴장을 하며 업무를 진행하는 편이에요.

승용마와 경주마의 차이가 무엇인가요?

승용마는 기본적으로 승마를 위한 말을 의미하고, 경주마는 말 그대로 경마를 위한 말을 의미해요. 말 중에 가장 빠르게 달리는 우수한 품종들이 경주마로 주로 사용되죠. 경주마는 사람들이 교배를 통해 만들어낸 품종들이라 품종이 다양하지는 않습니다. 몸무게로 비교를 해보면 경주마들이 승용마들보다 무게가 적게 나가는 편이에요. 몸매도 경주마가 훨씬 날렵하고 비율이 좋답니다. 사람과 비교를 해보자면, 승용마가 일반인이라고 했을 때 경주마는 모델이라고 볼 수 있죠. 가장 대표적인 경주마의 품종은 더러브렛(Thoroughbred)이에요. 빠른 스피드와 지구력을 갖추고 있어 전 세계적으로 유명하죠. 300년 전 영국인들이 아랍종 수말을 영국으로 들여와 영국 재래종 암말과의 교배를 통해 탄생시킨 종이에요.

탐지견핸들러가 되기 위한 특별한 훈련과정이 있나요?

아직까지 우리나라에는 탐지견핸들러가 되기 위해 받을 수 있는 전문 훈련 경로나 커리큘럼은 없어요. 하지만 탐지견핸들러를 필요로 하는 곳이 많아지고 있으니, 전문 과정이 생겨나지 않을까 기대가 됩니다. 현재까지는 처음부터 탐지견핸들러로 진로를 결정한다기보다, 주로 애견훈련사가 된 후에 기회가 생겼을 때 탐지견핸들러로 지원을 하여 활동하는 경우가 대부분이에요.

동물 관련 자격증에는 무엇이 있나요?

동물과 관련된 자격증에는 양서파충류관리사, 관상어관리사, 스킨스쿠버, 축산기능사(국가자격증), 동물행동교정사, 펫푸드요리사, 가축인공수정사(국가자격증). 특수동물관리사, 동물매개치료관리사 등의 다양한 자격증이 있어요. 하지만 우리나라에서 존재하는 동물 관련 자격증은 몇몇 자격증을 제외하면 대부분 국가자격증이 아닌 민간자격증이랍니다.

맹금류 조련사가 되는데 학력이 중요한가요?

맹금류 조련사가 되는데 학력은 큰 영향을 끼치지는 않습니다. 하지만 동물과 관련된 고등학교 또는 대학교에 진학을 한다면 동물에 대한 전문 지식과 동물을 직접 보고 관리할 수 있는 실습활동을 경험할 수 있는 장점이 있어요. 특히 학교와 연계되어 있는 현장에서 업무를 경험할 수 있는 기회도 제공됩니다. 저 또한 학교 내에서 제공하는 실습과 행사의 경험이 큰 도움이 되었어요.

사육사님이 직접 담당 동물을 선택하시나요?

동물원에서 본인이 어떤 생물을 담당하게 될지는 입사하기 전까지는 알 수 없어요. 관심 있고 좋아하는 동물만 담당할 수 있는 건 아니랍니다. 그건 현실적으로 어려워요. 저도 처음엔 새를 더 좋아했거든요. 근데 동물들은 참 신기해요. 관심의 정도가 낮은 동물이라도 담당으로 배정되어 돌보고 관찰하다 보면 저도 모르게 어느새 정이 들어 있더라고요. 제가 담당하는 비버나 펭귄도 마찬가지였어요. 처음에는 너무 낯설었지만 지금은 어느 누구보다 반가운 저의 회사동료들이랍니다.

곰들은 먹이를 줄 때 두발로 일어나는데, 훈련을 받는 건가요?

베어트리파크에서 곰에게 먹이주기 체험을 하신 분들이라면 곰들이 자신에게 먹이를 달라고 박수를 치거나 두 발로 일어나 손을 드는 것을 보신 적 있을 거예요. 사실 이 행동은 사육사가 가르치는 것이 아니라 곰들이 반복학습을 통해 스스로 깨우친 거랍니다. '곰처럼 아둔하다'란 통념과 다르게 곰들이 제법 머리가 좋죠? 곰은 두 발로 서서 먼 곳을 바라보고 코를 씰룩거리며 냄새를 맡으며 주변을 두리번두리번 탐색하는 습성이 있답니다. 보기보다 관절이 유연해서 두발로 잘 서고 그 상태에서 조금 걸을 수도 있어요.

대학교 과정에서는 어떤 것을 공부하나요?

제가 재학했던 학교의 교과 커리큘럼을 기반으로 설명 드릴게요. 1학년 때는 동물에 대해 전반적인 이해를 도울 수 있는 다양한 과목을 수강하게 됩니다. 미용, 훈련, 수의학, 육종학, 동물행동심리학 등이 해당 과목이었죠. 애완동물과는 다른 학과들과 다르게 실습수업이 많이 구성되어 있어서 직접 몸으로 체험할 수 있는 기회들이 제공된답니다. 저는 이론보다 실습에 더 흥미를 느끼는 편이었어요.

2학년 때에는 1학년 때 수강했던 여러 과목 중 한 과목을 선택하여 집중적으로 전문 지식을 습득하게 됩니다. 저는 사육 부분으로 옮겨지게 되면서 야생동물학, 관상어학, 클리커 수업 등 동물 사육에 필요한 과목을 집중적으로 배울 수 있었답니다.

동물조련사와 동물사육사의 차이점이 있을까요?

처음엔 동물 조련사와 동물 사육사는 완전히 다른 직업이라고 생각했어요. 사육사는 말 그대로 동물의 사육과 사육장 청소처럼 반복되는 업무를 수행한다고 생각했고, 조련사는 동물의 훈련 및 조련만 담당한다고 생각했죠. 직접 동물원을 다니며 사육사분들과 조련사분들의 업무를 관찰해보니 동물조련사는 동물 사육의 업무 또한 수행해야 한다는 걸 알게 되었어요. 동물을 조련 및 훈련하기 위해서는 기본적으로 동물의 건강상태를 확인하고 사육장 관리 및 먹이 급여도 수행해야 하죠. 동물조련사 또한 동물들이 편안하게 생활할 수 있도록 도와주는 역할을 한답니다. 더불어 훈련과 조련을 통해 동물과 소통하고 사람들에게 즐거움과 볼거리를 선사합니다.

예비
동물조련·사육사
아카데미

동물 조련·사육 체험하기

제주 마린파크

마린파크는 국내 유일의 돌고래 체험관으로 다양한 돌고래 체험 프로그램을 제공하고 있다. 아쿠아리움도 있어서 다양한 해수 생물(바다에 사는 생물) 및 담수 생물(강과 호수에 사는 물고기)을 만나볼 수 있다.

- 위치 : 제주 서귀포시 안덕면 화순중앙로 132
- 운영시간 : 9:30~18:30
  *입장마감시간은 18:00
  *연중무휴
- 입장료 : 10,000원

돌고래 조련 체험

돌고래를 만져보고 교감하며, 직접 조련사가 되어 조련도 해볼 수 있는 프로그램

- 체험시간 : 45분
- 체험요금 : 70,000 원
- 체험 예약 : 방문 1일전 예약을 완료해야 체험 가능

국내 유일의 돌고래 체험으로, 남녀노소의 구분 없이 전 연령대가 함께 즐길 수 있는 프로그램이다. 단, 24개월의 어린이부터 가능하며 키가 110cm 미만인 경우 보호자 1인 동참이 필요하다. 실내관광지이기 때문에 날씨에 영향 받지 않고 이용 가능하다.

돌핀스위밍

돌고래와 함께 물 속에서 프리스위밍을 즐길 수 있는 프로그램

- 체험시간 : 50분 (교육시간 포함)
- 체험요금 : 160,000 원
- 체험 예약 : 방문 1일전 예약을 완료해야 체험 가능

돌핀스위밍은 돌고래와 함께 수영하는 프로그램이다. 물속에서 돌고래가 내는 초음파 소리를 귀로 직접 들을 수 있으며, 돌고래의 등 지느러미를 잡고 함께 물을 헤치며 달려보는 것도 가능하다. 스위밍은 초등학생 이상부터 가능하며 스노클링 / 스위밍 체험시 수영하기 좋은 복장과 샤워도구, 개인수건이 필요하다.

출처: 제주마린파크

양평 양떼목장

- 위치 : 경기 양평군 용문면 은고갯길 112
- 이용시간

구분	운영시간
11월 ~ 3월	9:30~17:00
5월 ~ 9월(주말)	9:30~19:00
5 ~ 9월(평일), 4월, 10월	9:30~18:00

*매표마감시간은 마감 1시간 전

*매주 화요일 휴무 (화요일이 공휴일인 경우 개장)

- 입장료 : 5,000원~6,000원 (24개월 미만은 무료입장)
  * 입장권 포함사항 : 건초먹이기 + 아기동물과 교감하기 + 목장산책 + 프리스비, 어질리티 공연

양, 염소, 알파카 등에게 건초먹이기

건초는 입장권 구매 시 1인당 1봉지씩 제공되며, 추가 구매도 가능하다. (단, 24개월 미만인 유아는 건초를 제공하지 않는다.)

양에게 먹이주기

양에게 먹이주기

염소들

아기동물(아기양, 아기염소, 아기돼지, 토끼 등)과 교감하기

타조, 거위, 돼지 관찰하기

타조

돼지

프리스비, 어질리티 공연

프리스비

어질리티

어질리티

프리스비 : 사람과 개가 교감을 해서 사람의 사인에 따라 원반으로 다양한 묘기를 부리는 공연이다.

어질리티 : 사람과 개가 같이 호흡을 맞춰 장애물을 극복하는 공연으로, 장애물은 숲속에서 사냥을 할 때 장애물을 재현해 놓은 것이다.

*프리스비, 어질리티 공연시간 - 주말 및 공휴일: 3회 , 평일: 단체 예약 시 공연

*공연기간 : 4월~5월(봄), 9월~10월(가을)

목장 산책하기

반려견 산책로가 마련되어 있어 반려견도 동반 가능하다.

출처: 양평양떼목장

알파카월드

알파카월드는 강원도 홍천의 푸른 숲 11만평에서 자연 그대로의 모습으로 살아가는 동물들과 만날 수 있는 대한민국 최대 규모의 숲 속 동물나라이다. 알파카는 물론, 사슴, 토끼, 독수리, 올빼미, 앵무새 등 다양한 동물을 만나고 먹이를 직접 주기도 하며 동물과 교감할 수 있는 곳이다. 특히, 알파카와 함께 숲길을 걸으며 산책할 수 있는 '알파카와 힐링산책' 이라는 체험을 통해 색다른 경험을 할 수 있다.

- 위치 : 강원 홍천군 화촌면 풍천리 310
- 운영시간 : 10:00 ~ 18:00
  *매표마감시간은 16:30
  *알파카와 힐링산책 마감시간: 17:00
- 입장료 : 15,000원 (36개월 미만은 무료)
  *'알파카와 힐링산책' 체험요금: 10,000원

새들의정원

아기사슴놀이터

안데스 생태 방목장 조랑말 '포니'

알파카 놀이터

알파카와 힐링산책

출처: 알파카월드

농협 안성팜랜드

농협안성팜랜드는 칡소, 황소, 당나귀, 면양, 거위 등 여러 가축들을 보고, 초원에서 함께 뛰놀고 먹이도 줄 수 있는 체험목장이다. 다양한 가축을 만나고 체험할 수 있는 '체험목장'을 비롯해 각종 농축산업 페스티벌과 단체행사를 하는 '종합행사장', ' 승마 체험을 할 수 있는 '승마센터' 등 다양한 시설을 보유하고 있다. 이외에도 공예 및 피자만들기 등 다양한 체험활동이 가능하며, 애견파크와 들꽃들을 관람할 수 있는 장소도 마련되어 있다.

- 위치 : 경기 안성시 공도읍 대신두길 28
- 이용시간

구분	운영시간
2월 ~ 11월	10:00~18:00
12 ~ 2월	10:00~17:00

  *매표마감은 마감 1시간 전
- 입장료 : 10,000원~12,000원

가축체험장

다양한 가축이 모두 모여 있는 곳이다. 당근, 건초, 새 모이주기 등 먹이주기 체험이 가능하다. (먹이 1종당 1,000원)

가축 아카데미

가축에 대한 재미있는 수업을 듣는 가축교실이다.

새모이 체험관

사랑앵무, 태양앵무에게 직접 먹이를 주는 체험을 할 수 있다.

소, 타조 방목장

다양한 소들과 타조들이 한가로이 풀을 뜯고 거니는 곳이다.

면양마을

양들도 보고 직접 목동이 되어 양들을 몰아볼 수 있다.

체험승마

직접 말을 타고 트랙을 돌아보는 체험승마이다. 체험 시 트랙 3바퀴를 돌며, 키 90cm 이상부터 체험할 수 있다. 체험요금 : 8,000원

출처 : 안성팜랜드

동물조련·사육 관련 대학 및 학과

애완동물학과

학과 개요

애완동물과는 애완동물의 간호, 미용, 관리 등 실무적인 내용을 배우고, 애완동물과 관련한 직업 및 산업 분야에 종사할 현장 실무 인력을 기른다.

관련 자격

반려동물관리사, 애견미용사, 축산기능사

공부하는 주요 교과목

견동물번식학, 견동물질병학, 견동물해부생리학, 견표준학, 애완동물학개론, 애완영양학과 사양학, 애완행동학

지역	대학명	학과명
대전광역시	대전과학기술대학교	애완동물과
	우송정보대학	애완동물학부애견의료전공
	우송정보대학	애완동물학부애견미용전공
	우송정보대학	애완동물학부동물관리전공
	우송정보대학	애완동물학부
	경북대학교(본교)	말/특수동물학과
	수성대학교	애완동물관리과
경기도	서정대학교	애완동물과
	서정대학교	애완동물학과
	신구대학교	애완동물전공
충청북도	중원대학교(본교)	말산업융합학과
	공주대학교(본교)	특수동물학과
	혜전대학교	애완동물관리과
전라남도	동아보건대학교	애완동물관리전공(인문사회)
	동아보건대학교	동물간호전공(인문사회)
경상북도	대경대학교	동물조련이벤트학과
	대경대학교	동물조련이벤트과

출처: 커리어넷

동물자원학과

학과 개요

동물자원학과에서는 동물자원의 가공, 생산에서 이용에 이르기까지의 모든 과정에 대해서 배운다.

관련 자격

가축인공수정사, 축산기사

공부하는 주요 교과목

번식학, 영양학, 초지학, 축산가공학, 영양학, 동물육종학, 동물생화학, 동물생리학, 동물생명과학,

동물사양학, 동물번식학

서울특별시	건국대학교(서울캠퍼스)	동물자원과학과
서울특별시	건국대학교(서울캠퍼스)	동물생산·환경학전공
	삼육대학교(본교)	동물생명자원학과
	삼육대학교(본교)	동물자원학전공
	서울문화예술대학교	반려동물학과
부산광역시	부산대학교	동물생명자원과학과
대전광역시	충남대학교(본교)	동물자원과학부
	충남대학교(본교)	동물자원생명과학과
	충남대학교(본교)	동물바이오시스템과학과
광주광역시	전남대학교(광주캠퍼스)	동물자원학부
강원도	강원대학교(본교)	동물자원과학과
	강원대학교(본교)	동물자원과학전공
	강원대학교(본교)	반추동물과학전공
	강원대학교(본교)	동물산업융합학과
	강원대학교(본교)	동물생명과학대학 사료생산공학과
	강원대학교(본교)	동물응용과학과
	상지대학교(본교)	동물생명자원학부
	상지대학교(본교)	동물생명자원학부 동물자원학전공
	상지대학교(본교)	동물자원학과
충청남도	공주대학교(본교)	동물자원학과
	단국대학교(천안캠퍼스)	동물자원학과
	중부대학교(본교)	애완동물자원학전공
	중부대학교(본교)	애완동물자원학과
전라북도	우석대학교(본교)	동물자원식품학과
	원광대학교(본교)	반려동물산업학과
	전북대학교(본교)	동물소재공학과

서울특별시	건국대학교(서울캠퍼스)	동물자원과학과
전라북도	전북대학교(본교)	동물자원과학과
전라남도	순천대학교(본교)	산업동물학과
	순천대학교(본교)	동물자원과학과
경상북도	대구대학교(경산캠퍼스)	동물자원학과
경상남도	경남과학기술대학교(본교)	동물소재공학과
제주특별자치도	제주대학교(본교)	동물자원과학전공
	제주대학교(본교)	동물자원과학과

출처: 커리어넷

자원동물산업과

학과 개요

자원동물산업과는 도시 근교의 관련 사업에 종사할 수 있도록 실무 현장 교육을 강화하고, 생물자원으로 활용이 가능한 동물에 대하여 생산, 이용, 가공, 유통으로 이어지는 일련의 내용을 배운다.

관련 자격

가축인공수정사, 애견미용사, 축산산업기사, 핸들러

공부하는 주요 교과목

동물병원실무, 동물영양학, 반추동물생산, 야생동물학실무, 유전육종학, 해부생리학, 현장실습, 동물영양학, 동물번식학, 동물자원학개론, 동물해부생리

지역	대학명	학과명
경기도	신구대학교	바이오동물학과
	신구내학교	바이오동물전공
	장안대학교	바이오동물보호과
강원도	상지영서대학교	동물생명산업과
충청남도	연암대학교	동물보호계열
전라북도	한국농수산대학	산업곤충학과
	한국농수산대학	양돈학과
	한국농수산대학	말산업학과
경상북도	성덕대학교	말산업학부
제주특별자치도	제주한라대학교	마축자원학과
	제주한라대학교	마사학과
	제주한라대학교	마산업자원학과

출처: 커리어넷

생물학과

생물학과는 세포학, 분류학, 발생학, 생리학 등을 기반으로 생명 현상을 탐구하며 그 원리에 대해서 자세히 공부한다.

공부하는 주요 교과목

미생물학 및 실험, 생태학 및 실험, 세포막생화학, 유전학, 자원식물학, 환경생물학, 미생물생리학, 분자생물학, 생화학 및 실험

지역	대학명	학과명
서울특별시	건국대학교(서울캠퍼스)	생물공학과
	건국대학교(서울캠퍼스)	응용생물화학전공
	건국대학교(서울캠퍼스)	응용생물과학과
	건국대학교(서울캠퍼스)	응용생물과학전공
	경희대학교(본교-서울캠퍼스)	생물학과
	고려대학교(본교)	바이오시스템의과학부
	국민대학교(본교)	바이오발효융합학과
	서울대학교	응용생물화학부
	서울대학교	응용생물학전공
	서울대학교	식물생산과학부
	서울대학교	화학생물공학부
	성신여자대학교(본교)	생물학과
	세종대학교(본교)	분자생물학과
	세종대학교(본교)	분자생물학전공
	연세대학교(신촌캠퍼스)	시스템생물학과
부산광역시	경성대학교(본교)	생물학과
	동아대학교(승학캠퍼스)	응용생물공학과
	동의대학교	분자생물학과
	부경대학교(본교)	미생물학과
	부경대학교(본교)	생물공학과
	부산대학교	바이오소재과학과
	부산대학교	미생물학과
	부산대학교	분자생물학과
	신라대학교(본교)	생물과학과
대전광역시	대전대학교(본교)	미생물생명공학과
	목원대학교(본교)	미생물나노소재학과

지역	대학명	학과명
대전광역시	배재대학교(본교)	생물의약학과
	충남대학교(본교)	응용생물학전공
	충남대학교(본교)	생물과학과
	충남대학교(본교)	응용생물화학식품학부
	충남대학교(본교)	응용생물학과
	경북대학교(본교)	응용생물화학부
	경북대학교(본교)	응용생명과학부 응용생물학전공
	경북대학교(본교)	생명과학부 생물학전공
	경북대학교(본교)	응용생명과학부 응용생물화학전공
광주광역시	전남대학교(광주캠퍼스)	생물공학과
	전남대학교(광주캠퍼스)	생물학과
	전남대학교(광주캠퍼스)	생물공학전공
	전남대학교(광주캠퍼스)	응용생물학과
	전남대학교(광주캠퍼스)	응용생물공학부
	조선대학교(본교)	생물학과
경기도	단국대학교(죽전캠퍼스)	분자생물학과
강원도	강릉원주대학교(본교)	해양생물공학과
	강릉원주대학교(본교)	생물학과
	강원대학교(본교)	응용생물전공
	강원대학교(본교)	화학생물공학부
	강원대학교(본교)	응용생물학과
	강원대학교(본교)	응용생물학전공
	강원대학교(본교)	생물공학전공
	강원대학교(본교)	생물공학과
	강원대학교(본교)	생물학전공
	연세대학교(원주캠퍼스)	분자진단과학전공
충청북도	건국대학교(GLOCAL캠퍼스)	응용생화학전공
	유원대학교(본교)	의약바이오학과
	유원대학교(본교)	의약바이오전공
	중원대학교(본교)	의약바이오학과
	충북대학교(본교)	미생물학과
	충북대학교(본교)	미생물학전공
	충북대학교(본교)	생물학과
	충북대학교(본교)	생명과학부 미생물학전공
	충북대학교(본교)	식물의학과
충청남도	건양대학교(본교)	의약바이오학과
	건양대학교(본교)	의약바이오학부

지역	대학명	학과명
충청남도	단국대학교(천안캠퍼스)	미생물학과
	단국대학교(천안캠퍼스)	분자생물학과
	선문대학교(본교)	하이브리드공학과
전라북도	군산대학교(본교)	생물학과
	전북대학교(본교)	응용생물공학부(생물환경학전공)
	전북대학교(본교)	생물과학부(생물학전공)
	전북대학교(본교)	생명과학부(분자생물학전공)
	전북대학교(본교)	분자생물학과
	전북대학교(본교)	생물과학부(분자생물학전공)
전라남도	순천대학교(본교)	식물의학과
	순천대학교(본교)	생물학과
경상북도	대구대학교(경산캠퍼스)	생명환경학부(바이오산업학전공)
	안동대학교(본교)	식물의학과
	영남대학교(본교)	미생물생명공학전공
경상남도	경상대학교	식물의학과
	경상대학교	미생물학과
	경상대학교	생물학과
	경상대학교	응용생물학과
	창원대학교(본교)	생물학화학융합학부
	창원대학교(본교)	생물학과
	창원대학교(본교)	미생물학과
제주특별자치도	제주대학교(본교)	생물학과

출처: 커리어넷

수의학과

수의학과는 가축, 반려동물, 야생동물뿐 아니라 수생동물까지 모든 동물의 질병 예방과 치료에 대하여 배운다.

관련 자격

수의사, 축산기사

공부하는 주요 교과목

실험동물의학, 수의내과학, 수의미생물학, 수의병리학, 수의산과학, 수의생리학, 수의조직학, 수의해부학

지역	대학명	학과명
서울특별시	건국대학교(서울캠퍼스)	수의예과
	건국대학교(서울캠퍼스)	수의학과
	서울대학교	수의학과
	서울대학교	수의예과
대전광역시	충남대학교(본교)	수의학과
	충남대학교(본교)	수의예과
대구광역시	경북대학교(본교)	수의예과
	경북대학교(본교)	수의학과
광주광역시	전남대학교(광주캠퍼스)	수의학과
	전남대학교(광주캠퍼스)	수의예과
강원도	강원대학교(본교)	수의예과
	강원대학교(본교)	수의학과
	상지대학교(본교)	동물생명자원학부 동물생명공학전공
충청북도	충북대학교(본교)	수의예과
	충북대학교(본교)	수의학과
전라북도	우석대학교(본교)	동물건강관리학과
	원광대학교(본교)	애완동식물학과
	전북대학교(본교)	수의학과
	전북대학교(본교)	수의예과
경상북도	경주대학교(본교)	동물·자연보호학과
경상남도	경상대학교	수의예과
	경상대학교	수의학과
제주특별자치도	제주대학교(본교)	수의학과
	제주대학교(본교)	수의예과

반려동물 관련 기관

한국반려동물교육원

한국반려동물교육원은 반려동물 관련 교육기관으로, 현직 수의사들의 자문 하에 운영되고 있다. 다양한 온라인 영상강의와 활발한 오프라인 교육세미나, 체험프로그램 등 다양한 교육을 제공하고 있다. 특히, 수의테크니션, 반려동물유치원교육사 등과 같이 취업에 도움이 되는 교육도 받을 수 있다.

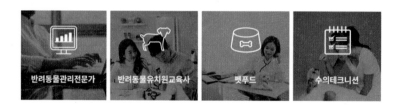

- 반려동물관리전문가 : 한국동물병원협회가 공식 인정한 반려동물 관련 직종 종사자가 되기 위한 전문과정이다.
- 반려동물유치원교육사 : 반려동물보호자를 대신해 운동, 놀이지도, 교육훈련, 급여, 사고방지 등 반려동물을 돌보고 반려동물유치원을 운영하는 직무를 수행하는 전문과정이다.
- 펫푸드 : 다양한 조리법을 이용해 수제간식 레시피를 배우는 과정이다.
- 수의테크니션 : 동물병원에서 근무하는 수의테크니션 양성과정으로 이론 및 실습을 병행하는 전문교육과정이다.

출처 : 한국반려동물교육원

한국반려동물아카데미

한국반려동물아카데미는 성숙한 반려동물 문화의 확산과 공중위생상의 위해방지, 동물의 생명과 안전을 보호하여 사람과 동물이 더불어 사는 생명존중의 사회를 구현하고자 반려동물에 관한 전문적인 교육서비스를 제공하는 교육산업아카데미이다.

반려동물의 행동교정, 미용, 영양, 위생, 사료, 장묘 등 각 분야의 전문가로 구성된 교수진 및 전문 연구원들이 개발한 콘텐츠로 교육한다. 온라인 교육을 넘어 직접 체험할 수 있는 커리큘럼도 제공한다.

- 위치 : 서울특별시 종로구 종로 394 태정빌딩 3층
- 교육과정

다양한 과정을 종합적으로 배울 수 있는 펫테이너 전문과정, 프로매니저 전문과정, 반려동물 전문 창업과정, 펫베이커리 특화과정이 있고, 이 외에도 반려동물행동교정사, 반려동물관리사, 반려동물식품관리사, 펫뷰티션, 반려동물장례코디네이터, 펫매니저, 반려동물매개심리상담사, 펫유치원교원자격증, 도그워커 등 반려동물과 관련된 다양한 자격증을 취득할 수 있는 교육과정을 제공하고 있다.

출처 : 한국반려동물아카데미

경기도청 동물보호과

경기도청 동물보호과는 성숙한 반려동물 문화의 확산과 동물의 생명과 안전을 보호하고 복지를 증진해 사람과 동물이 더불어 사는 생명존중 사회를 구현하기 위해 노력한다.

• 주요 사업

출처 : KBS 미디어 평생교육센터 반려동물교육원

동물보호 추진

동물 등록제	유기동물	길고양이

반려문화 조성

• 반려동물테마파크 • 놀이터	• 입양문화의 날 • 문화교실	홍보교육 콘텐츠 • 펫티켓 홍보영상

도우미견 나눔

도우미견 후보견 선발	건강검진, 치료, 훈련, 입양	교육, 자원봉사

야생동물 구조

야생동물 구조, 치료	교육, 자원봉사	시설조성

애니언파크(울산반려동물문화센터)

　애니언파크는 바른 반려문화를 정착시키고, 반려동물과 함께 즐거운 추억도 만들 수 있는 반려동물 문화센터이다. 동물과 사람이 조화를 이룰 수 있는 공간답게 반려동물을 위한 놀이터는 물론, 공연과 체험, 교육 등 다양한 프로그램이 준비되어 있다.

- 위치: 울산 북구 호계 매곡6로 108
- 이용시간 : 9:00~18:00 (11~2월 9:00~17:00)
  *매주 월요일 휴무
- 입장료 : 반려동물 6,000원 / 동반고객 6,000원

- 주요시설

천연잔디가 펼쳐져 있는 야외공간

2층 대형견 놀이터

3층 소형견 놀이터

야외 공연장의 스포츠 공연

1층의 야외공연장, 2층의 대형견 놀이터, 3층 루프탑(옥상)의 소형견 놀이터 3곳의 야외공간이 있다. 특히 야외공연장에서는 매월 넷째 주 주말마다 훈련된 개들의 스포츠공연이 열린다. 날아가는 원반을 잽싸게 물어오는 원반던지기부터 장애물을 거침없이 뛰어넘는 묘기까지 다양한 공연을 관람할 수 있다.

소형견과 대형견 목욕실

대형견 목욕실   소형견 목욕실

넉넉한 크기에 드라이기까지 완비한 목욕실이 마련되어 있다.

쉼터

무인펫샵   오픈스튜디오

전시관

　반려동물과 앉아서 쉴 수 있는 아늑하고 널찍한 쉼터가 층별로 마련되어 있다. 1층에는 간단하게 요기할 수 있는 '애니언 카페'와 반려동물에게 필요한 물품을 구입할 수 있는 '무인펫샵'이 있다. 또, 반려동물의 영상을 촬영할 수 있는 '오픈 스튜디오'와 '교육실', 견종을 모형과 함께 전시해놓은 '전시관'이 있다.

- 교육프로그램

UCGC* 예절교육 / 행동교정교육

　반려인이 반려견과 함께 교육받는 프로그램이다. 미국과 영국의 반려견 예절교육을 응용하여 국내 환경에 적합하도록 보완한 예절과 행동교정 교육이다.

직업훈련학교 훈련반 / 미용반

　직업훈련학교는 반려견을 교육하는 방법을 배우는 훈련반과 반려견을 미용하는 방법을 배우는 미용반으로 나누어 운영한다.

체험학습 / 동물사랑교육

　전시와 영상 및 체험 프로그램을 통해 반려견을 이해하는 과정이다.

출처: 울산광역시청 웹진 (헬로,울산)

미래유망직업 – 반려동물훈련·상담사

반려동물 훈련·상담사란?

반려동물 훈련·상담사는 반려동물이 문제 행동(계속 짖거나, 아무 곳에서나 배설하는 문제, 주인과 잠시라도 떨어져 있는 것을 참지 못하는 경우 등)을 보이는 경우 이러한 행동을 바로잡아 주는 프로그램을 만들어 실시하고 교육하는 일을 한다.

어떻게 준비하나요?

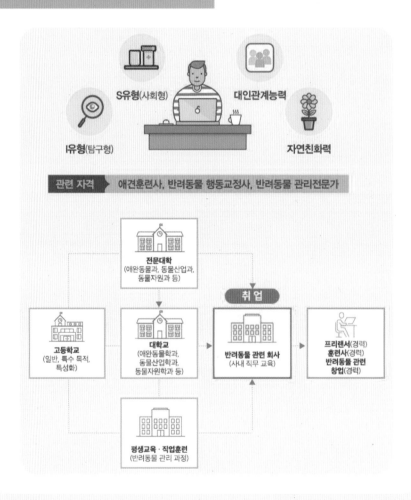

어느 분야에서 활동하나요?

관련직업

반려동물 훈련·상담사와 관련이 높은 직업으로는 동물 돌봄이 및 훈련가, 동물 조련사, 동물 교감 전문가, 수의사, 수의테크니션 등이 있다. 최근에는 반려동물 호텔에 소속되어 동물 돌봄이 및 훈련가, 반려동물 미용사, 반려동물 사진사, 수의테크니션과 같은 사람들과 함께 일을 한다.

* 수의테크니션: 동물병원이나 관련된 기관에서 수의사의 진료 보조, 각종 실험실과 임상병리 검사 등의 업무를 담당한다.

활동 분야

반려동물 훈련·상담사는 반려동물 관련 기업, 반려동물 훈련소나 훈련 학교, 반려동물 호텔, 동물병원 등의 분야와 군이나 경찰청, 세관, 등과 같은 공공 기관에 소속되어 활동할 수 있다.

관련 자격증이 있나요?

반려동물 훈련·상담사와 직접 관련된 국가 자격은 없지만 민간등록 자격으로 애견훈련사, 반려동물행동교정사, 반려동물관리전문가, 반려동물관리지도사, 반려동물전문가, 반려동물훈련사, 반려동물훈련지도사 등이 있다.

어떻게 전문성을 높일 수 있나요?

반려동물 훈련·상담사로서 전문성을 높이기 위해서는 반려동물에 대한 이론 학습과 실전 경험을 쌓는 것이 중요하다. 신입으로 취업한 경우에는 견습생으로 활동하고 경력이 쌓이면 훈련사가 된다.

훈련사가 되면 반려동물과 관련된 여러 기업에 경력자로 취업할 수 있다. 공공기관이나 민간단체의 특수목적견(마약탐지견, 경비견, 구조견, 군견, 장애인 도우미견 등)을 훈련하는 곳에서 일할 수 있고, 경력과 전문성을 토대로 강사로 활동하거나 반려동물 훈련소나 훈련 학교, 반려동물 호텔 등을 창업하여 운영할 수도 있다.

출처: 커리어넷

반려견 훈련 Tip

흥분 가라앉히기 - 바디블로킹

바디블로킹은 낯선사람을 만났을 때 흥분하여 공격성을 띠는 반려견 사이에 끼어들어 진정시키는 훈련법으로, 바디블로킹 후 반려견이 얌전해지거나 올바른 행동을 보여주면 간식을 주는 방식으로 학습시킨다.

새로운 환경에 적응하기 - '집안산책'

집안산책은 반려견이 집안 곳곳을 산책하면서 냄새를 맡도록 하는 훈련법이다. 주로 새로운 환경에 적응하기 위해 사용하며, 반려견은 이 훈련법을 통해 보호자와 함께 걷고 쉬면서 안도감을 느낀다.

아무거나 먹는 강아지의 행동교정 - '노즈 워크 놀이'

노즈 워크 놀이는 반려견이 코를 사용해 먹이를 찾을 수 있도록 하는 훈련법이다. 주로 아무거나 먹는 반려견의 행동교정을 위해 사용하며, 반려견은 이 놀이를 통해 물건에 대한 집착을 자연스럽게 놓게 된다.

규칙 만들기

우선 반려견이 스스로 동작을 할 때 간식을 주고, 동작을 익힌 다음에는 명령을 입힌 후 명령에 따른 동작을 할 때에 간식을 주는 훈련법이다. 스스로 동작을 익히는 중에는 말하거나 요구하지 말고 반려견이 스스로 동작 할 때까지 기다려야 한다. 예를 들어 앉아 훈련을 할 경우 반려견이 앉을 때 '앉아'라는 명령을 하고, 이 후 명령을 하지 않을 때 앉으면 보상을 주지 않고, 명령을 했을 때 앉는다면 그때에만 보상을 해 주는 것이다.

배변교육

배변을 했으면 하는 곳에 배변 패드를 깔고, 간식을 하나씩 떨어뜨린다. 간식을 떨어뜨릴 땐 순서를 정해 떨어뜨리고 계속 반복한다. 반려견이 배변패드에 올라오면 칭찬을 하며 간식을 주고, 계속 반복한다. 이 훈련을 통해 반려견은 배변패드에 올라와 있거나 볼일을 보면 좋은 일이 생긴다는 것을 느낌으로써 배변패드와 친해진다.

사회화 교육

산책을 하거나 다른 강아지를 만날 경우 무언가 꼭 할 필요 없이 지켜보면서 집안 물건의 냄새를 맡게 하거나 간식을 준다. 철제소리에 익숙해질 수 있도록 조금씩 두드리고 안에 간식을 넣어두면서 익숙해지게 한다. 또, 물을 뿌리거나 묻혀주면서 물과 친숙하게 한다.

출처 : EBS1 세상에 나쁜 개는 없다

동물 관련 도서 및 영화

관련 도서

대단한 돼지 에스더
(스티브 젠킨스, 데릭 월터, 카프리스 크레인 저 , 2018년)

두 남자와 거대 돼지의 재미있고, 감동적이고, 따뜻한 러브 스토리이다.

스티브는 오랜만에 연락이 닿은 친구에게 미니돼지 한 마리를 입양하겠냐는 제안을 받는다. 집에는 이미 개 둘, 고양이 둘이 있고, 함께 사는 데릭이 새로운 반려동물을 원하지 않는다는 것을 알면서도 아기 돼지를 덥석 데리고 온다. 그들은 곧 이 돼지가 미니돼지가 아니고 사육용 돼지라는 것을 알게 되었다. 운동화만 했던 아기 돼지는 3년도 채 되지 않아서 300킬로그램이 나가는 엄청나게 큰 돼지로 자란다. 예상치 못한 상황에 맞닥뜨리게 된 두 남자와 한 마리의 돼지는 수차례의 우여곡절을 겪으면서 진정한 성장통을 치르고 앞으로 나아간다.

내 두 번째 이름, 두부 (곽재은, 2019년)

수제간식 회사 바잇미의 최고경영견 두부의 견생역전 에세이이다.

이 책은 첫 번째 양육자에게 버림받고 다른 개에게 공격당해 안구적출 수술까지 받은 두부가 지금의 엄마를 만나 어떻게 상처를 극복하고 지금의 자리에 오게 되었는지를 두부의 목소리로 들려준다. 또 두부로 인해 인생이 180도 달라진 두부의 엄마인 저자의 이야기들도 등장하며, 반려동물을 위해 간단하게 만들 수 있는 레시피와 유기동물을 처음 구조했을 때 행동 요령, 치아 관절 건강 관리법 등 반려동물과 함께하는 데 필요한 팁들까지 담아냈다.

당신도 동물과 대화 할 수 있다. (마타 윌리엄스, 2007년)

이 책은 동물과의 교감을 나눈 사례를 통해 교감하는 방법을 소개한다. 또한 사이가 좋지 않던 주인과 의사소통을 통해 관계를 회복한 개, 다리를 다친 한 여성 사진가를 치유해 준 돌고래 떼, 자신의 주인과 따뜻한 위로와 사랑을 주고받은 말 등 동물과 교감하고 의사소통을 한 경우를 통해 자연과의 평화를 찾는 방법도 설명한다.

출처: 인터넷 교보문고

물속을 나는 새 (이원영, 2018년)

저자가 남극에서 펭귄 연구를 시작하게 되는 이야기로 출발한다. 이 책을 구성하는 20편의 에세이들은 정말 펭귄은 날 수 없는지, 남극에서만 사는 펭귄은 동물원에서 어떻게 지내는지와 같은 의문에 하나하나 답해 나간다. 실제 연구 현장 속의 생생한 이야기가 펼쳐지고, 새끼 펭귄이 알에서 깨어나 다시 어미가 되기까지의 과정도 낱낱이 들여다본다. 그리고 심각한 기후 변화와 환경오염을 마주하게 된 펭귄의 미래와 우리들의 미래에 대한 진지한 고민과 성찰이 이어진다.

출처: yes24

관련 다큐멘터리

고양이의 은밀한 사생활 (2013년, 46분)

고양이들의 생활을 소개하는 다큐멘터리이다. 전문가의 협조 아래, 고양이 열 마리의 목에 카메라와 GPS를 설치해 이들의 은밀한 일상을 추적한다.

출처: 왓챠

지구: 놀라운 하루
(Earth: One Amazing Day, 2017년, 1시간33분)

지구에서 일어나는 다양한 동물들의 하루를 소개하는 다큐멘터리이다. 뱀으로부터 도망치는 이구아나부터 기린들이 몸싸움, '반딧불이' 무리의 불빛 쇼까지 오전, 오후, 저녁, 밤까지 이어지는 동물들의 생활을 소개한다.

출처 : 네이버 영화

관련 영화

파퍼씨네 펭귄들(2011년, 95분)

성공한 사업가 파퍼는 가족을 등한시 한 탓에 전처와 자녀들에겐 '남'만도 못한 존재다. 그러던 어느 날, 돌아가신 아버지로부터 유산으로 '남극펭귄'을 상속 받는다. 집안을 난장판으로 만든 이 애물단지를 버리기 위해 백방으로 알아보던 파퍼는 오히려 펭귄 다섯 마리를 추가로 배달 받게 되고, 심지어 파퍼의 아들은 펭귄들이 자신의 생일 선물이라 오해하고 만다. 간만에 제대로 아빠 노릇하게 생긴 파퍼는 이 펭귄들을 버리지도 못하게 되고 함께 살아가게 된다.

베일리 어게인(2018년, 100분)

뉴욕타임즈 52주, USA TODAY 베스트셀러 [베일리 어게인]을 바탕으로 영화화한 작품이다.

귀여운 소년 '이든'의 단짝 반려견 '베일리'는 행복한 생을 마감한다. 하지만 눈을 떠보니 다시 시작된 견생 2회차, 아니 3회차?! 1등 경찰견 '엘리'에서 찰떡같이 마음을 알아주는 소울메이트 '티노'까지 다시 태어날 때마다 성별과 생김새, 이름도 바뀌지만, 여전히 영혼만은 주인바라기 '베일리'다. 어느덧 견생 4회차, 방랑견이 되어 떠돌던 '베일리'는 마침내 자신이 돌아온 진짜 이유를 깨닫고 어딘가로 달려간다.

내 어깨 위 고양이, 밥 (2017년, 104분)

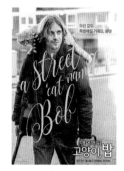

전 세계를 감동시킨 현재진행형 실화를 영화화한 작품이다.

아무런 희망도 미래도 없는 버스킹 뮤지션 '제임스'는 길거리에서 상처 입은 고양이 '밥'을 우연히 발견한다. 자신과 같은 처지인 고양이 '밥'을 위해 생활비를 모두 쏟아 치료해준 후, 여느 날처럼 거리 버스킹 공연을 시작한 '제임스'는 평소와 다른 분위기를 눈치챈다. 어느샌가 고양이 '밥'이 '제임스' 옆자리를 지키고 있었던 것. 평생 한 번도 받아보지 못했던 사람들의 따뜻한 환호 속에 '제임스'는 고양이 '밥'과 함께 버스킹 공연을 이어나간다. 우연한 만남을 통해 인생의 두 번째 기회를 맞이하게 된 '제임스'와 '밥'의 버스킹 프로젝트가 계속 되던 중, 이들을 시기한 사람들의 방해로 인해 둘은 인생의 또 다른 시련에 맞닥뜨리게 된다.

에이트 빌로우 (2006년, 120분)

실화를 바탕으로 한 생존기를 영화화 한 작품이다.

미국인 지질학자 데이비스는 운석을 찾기 위해 남극의 탐사대원 제리 쉐퍼드와 8마리의 썰매개들과 남극탐사에 나선다. 잘 숙련된 8마리의 썰매개들 덕분에 가까스로 죽을 고비를 넘긴 데이비스와 제리는 부상치료를 위해 썰매개들에게 돌아오겠다는 약속을 남기고 떠난다. 탐험을 중단시킬 정도의 위력을 지닌 폭풍이 다가오자 개들은 곤경에 처한다. 리더인 마야, 사나운 쇼티, 무리의 새 우두머리로 떠오른 맥스가 자연의 횡포에 맞선다. 이 때문에 가슴 아파하는 제리는 조종사 케이티의 도움을 받아 도저히 불가능해 보이는 구조에 나선다. 끈끈한 우정으로 묶인 개와 인간은 위험천만한 대륙에서 서로를 향한 믿음과 신뢰를 재발견한다.

아름다운 여행 (2019년, 113분)

　파리에 살던 토마는 조류학자 아빠의 농장이 있는 프랑스 남부에 머물게 된다. 어느 날, 농장을 살펴보던 토마는 아기 기러기 '아가'의 탄생을 맞이하고, 그들은 소중한 친구가 된다. 아빠와 토마는 그들을 데리고 안전 항로 개척을 위해 노르웨이로 간다. 하지만, 당국의 방해로 위험에 처하게 되고, 토마와 기러기 가족들은 유럽대륙을 가로지르는 위대한 여행을 위해 나아간다.

벨과 세바스찬 (2014년, 98분)

　프랑스에서 1965년에 TV시리즈로 처음 제작되어 큰 사랑을 받은 원작을 영화화 한 작품이다.

　프랑스와 스위스 국경을 이루는 피레네 알프스 언덕. 6살 꼬마 세바스찬은 할아버지와 함께 양떼들을 돌보며 지내고 있다. 어느 날 마을의 양떼가 습격을 당하고 마을 사람이 다치는 사건까지 발생한다. 할아버지와 마을 사람들은 옆 마을 양치기에게 쫓겨난 개의 소행이라고 생각하고, 알프스 언덕을 샅샅이 뒤지기 시작한다. 그러던 중 세바스찬은 떠돌이 개와 마주치게 되고 소문과 달리 선한 눈망울의 겁먹은 개에게 다가간다. 어른들 몰래 개를 돌보기 시작한 세바스찬은 '벨'이라는 이름을 지어주고 둘은 어느새 세상 가장 특별한 친구가 된다.

출처 : 네이버영화

영화 속 동물배우

〈사도〉의 강아지

'몽이'는 영화 〈사도〉에서 사도세자가 뒤주에 갇혀 있을 때 그의 곁을 지켰던 강아지를 연기했다. 이 장면을 위해서 '몽이'는 동물 전문 연기 학원에서 4개월간 반복적인 훈련을 받았다. 이런 노력 끝에 조련사가 뒤주 안에 숨어 다양한 동작이 나올 수 있도록 유도하긴 했지만, 천민으로 추락한 사도를 모두가

외면할 때 변함없이 주인의 곁을 맴돌며 울부짖는 명연기를 탄생시켰다. 단, 애완견의 존재는 사도세자의 작품으로 추정되는 강아지 그림을 바탕으로 만들어진 허구이니 영화는 영화로 받아들여야 한다.

〈첫 키스만 50번째〉의 바다코끼리

단 하루만 기억할 수 있는 단기 기억상실증에 걸린 루시(드류 베리모어)와 단 하루면 누구라도 넘어오게 만드는 작업남 헨리(아담 샌들러)의 로맨스를 유쾌하게 그린 영화 〈첫 키스만 50번째〉에서는 바다코끼리 '작코'의 명연기가 돋보인다. 영화 속에서 '작코'는 하이파이브와 볼 키스는 기본이고, 손을 흔들어 사람을 배웅하기까지 다양한 행동을 별다른 CG없이 직접 연기했다.

〈워터 포 엘리펀트〉의 코끼리

1930년대 미국 서커스단을 배경으로 펼쳐지는 영화 〈워터 포 엘리펀트〉는 제이컵(로버트 패틴슨)과 말레나(리즈 위더스푼)의 운명적인 사랑 이야기를 담고 있는 작품이다. 여기서 서커스단의 마스코트 코끼리 '타이'가 명연기를 펼친다. 4t이 넘는 무게임에도 불구하고 숙련된 훈련으로 물구나무서기를

할 수 있을 뿐만 아니라, 주인공들을 연결하는 사랑의 징검다리 역할을 수행한다. 심지어 다른 짐승의 흉내를 낼 줄 알 정도로 영리한 코끼리라고 한다.

〈샬롯의 거미줄〉의 돼지

동물 농장 동물 친구들과 꼬마 소녀 펀(다코타 패닝)의 우정을 그린 영화 〈샬롯의 거미줄〉에는 돼지, 거미, 쥐, 거위, 양 등 다양한 동물들이 대거 등장한다. 상황에 딱 맞는 자연스러운 제스처와 능청스러운 표정 연기가 돋보인다. 하지만 여기에는 제작진들의 피나는 노력이 숨어 있었다. 특히 새끼 돼지는 매일 1파운드씩 몸무게가 늘어날 뿐 아니라, 한 동작만 학습할 수 있어 '윌버'를 만들기 위해 무려 47마리의 돼지를 공수했고, 보통 일반 영화에서 한 장면을 촬영하는데 4~5테이크면 끝나지만, 이 영화는 150테이크 이상을 촬영했다고 한다.

출처: 리코드M

〈각설탕〉의 말

〈각설탕〉은 시은(임수정)이 어릴 적부터 함께했던 말 '천둥'과 함께 우정을 바탕으로 경마대회에 출전하여 꿈을 이루는 이야기이다. 사실 천둥이 역에는 5필의 말이 동원됐는데, 그 중 임수정과 감정연기를 주로 했던 말은 '천둥'이다. 말은 자기 그림자에도 놀랄 정도로 두려움이 많은 동물이기 때문

에 경주마 전문가, 황경도 반장을 중심으로 조련사들우 반드시 촬영 전에 다음 촬영지로 말들을 데리고 가 낯선 환경에 익숙해지도록 했다. 처음에 낯설고 두려워하던 말들도 점점 익숙해지자 배우와 스텝들에게 애정을 표시하기도 했다고 한다. 또, 동물 배우들이 안전하고 편안하게 연기할 수 있도록, 동물 배우 당 3명 이상의 조련사와 말 전문가, 말 전용 분장사, 수의사들을 배치하며 만전을 기했다.

〈투 브라더스〉의 호랑이

인간이 보기에 호랑이는 99% 비슷해 보이겠지만, 장 자크 아노 감독은 1%의 차이점을 찾기 위해 40~50마리의 호랑이들을 만났다. 그리고 형제 호랑이를 연기할 배우 4마리와 18마리의 대역 등 총 22마리를 캐스팅했다. 장 자크 아노 감독은 배우가 스스로 캐릭터에 빠져들 수 있도록 하는 '메소드

연기법'을 고집했다. 예를 들어 하품하는 신을 찍기 위해 호랑이에게 우유를 먹인 뒤 잠들 때까지 기다렸고, 초콜릿 가루 냄새를 맡게 해 재채기를 유발했으며, 새끼 호랑이가 형제와 헤어진 슬픔으로 먹이를 거부하는 장면을 찍을 때는 미리 충분히 먹이를 주었다. 물론 호랑이가 워낙 감정이 풍부한 동물이기에 희로애락의 표정들을 끌어낼 수 있었지만 그는 사실적인 연기를 이끌어내기 위해 호랑이가 감정에 빠질 때까지 기다렸다.

〈에이트 빌로우〉의 썰매개

〈에이트 빌로우〉는 남극에 1년 이상 남겨져 기적적으로 생존한 8마리의 썰매개 이야기이다. 여덟 개 캐릭터를 소화하기 위해 제작진은 기존에 스타가 된 허스키부터 집 없이 떠돌던 허스키까지 총 32마리의 허스키를 캐스팅했다. 촬영 석 달 전부터 추위에 적응시키는 것으로 훈련을 시작했고, 얼음 위

를 걸어 다니는 장면, 눈더미에 갇히는 장면 등은 모두 훈련을 통해 이끌어냈다. 또 날아가는 새를 잡아먹는 장면은 장난감을 줄에 매달아 훈련시킨 결과이며, 바다표범을 공격하는 장면은 모형표범 위에 땅콩버터를 발라 연출했다.

〈프리 윌리〉의 범고래

〈프리 윌리〉는 는 수족관에 잡혀온 범고래 윌리와 6살 때 버려진 후 고아로 살아가다 양부모에게 입양되어 방황하고 있던 12살 소년 제시가 우정을 쌓게 되고, 결국 제시와 주변 인물들이 윌리를 풀어준다는 내용이다. 윌리를 연기한 범고래, 게이코는 2살 때 포획된 뒤 해양동물쇼를 전전했고, 〈프리 윌리〉로 스타가 된 뒤 '야생으로 보내기' 캠페인과 함께 노르웨이 해안에 방사됐다. 게이코는 해양동물쇼에 능한 범고래여서, 연기지도에 큰 문제는 없었다. 제작진은 게이코가 촬영 중 스트레스를 받지 않도록 많은 신경을 썼다고 한다. 그 결과 유려한 해양동물쇼를 비롯해 소년 제시와 교감을 나누는 장면, 쇼를 거부하는 장면 등 자연스러운 연기를 이끌어냈다. 영화 촬영 당시 13살이었던 게이코는 이후 노르웨이 해안에서 관광객 주위를 맴돌다가, 2003년 12월12일 폐렴으로 세상을 떠났고, 게이코의 장례식은 한밤중에 7명만이 참석한 채 조용히 치러졌다.

〈마우스 헌트〉의 생쥐

〈마우스 헌트〉는 집을 사수하려는 두 형제와 영리한 생쥐 한 마리의 사투를 그린 영화이다. 이 생쥐 연기를 위해 많은 야생동물조련사와 60여 마리의 생쥐 배우들을 섭외했다. 생쥐들은 벽 올라타기, 라디오 켜기, 테이블 가로지르기, 쥐구멍에 올리브 밀어 넣기, 굴뚝 오르기, 표정연기에 이르기까지 다양

한 연기를 펼쳤다. 특수효과가 가미되면서 좀 더 리얼해지긴 했으나, 영화의 95% 이상이 실제 생쥐들이 연기한 것이다. 조련사들은 촬영 때마다 생쥐들이 지치지 않도록 먹이를 주면서 세심하게 상황을 만들어줬다. 예를 들어 생쥐가 시리얼 박스에서 접시로 떨어지는 장면에서는, 푹신푹신한 모형 시리얼을 미리 깔아놓아 충격을 완화했고, 이동장면 촬영에서는 한 조련사는 쫓고, 맞은편에서는 다른 조련사가 먹이를 갖고 기다리는 식으로 진행됐다.

〈폴리〉의 앵무새

〈폴리〉는 말 더듬는 소녀와 날지 못하는 새의 교감을 그린 영화이다. 이 영화에서 주인공 앵무새 '폴리'는 입만 살았을 뿐, 그야말로 새 구실을 못하는 새로 나온다. 어린 폴리 역에는 총 14마리의 새끼 앵무새들이 동원됐는데, 그들은 50가지 이상의 말과 손동작, 소리에 반응하기, 목표 지점까지 날기, 소품 나르기, 악수하거나 춤추기, ATM에 카드를 넣고 돈을 인출하는 방법까지 배웠다. 그리고 장면에 따라, 필요한 특기를 갖춘 앵무새 배우들로 교체되곤 했다. 폴리가 도둑질하기 위해 어느 집 굴뚝을 내려오는 장면은, 굴뚝 안팎에 두 조련사가 배치돼 앵무새의 주의를 이끌어낸 결과이다.

출처:씨네21

생생 인터뷰 후기

● 저자 박선경

사랑스러운 나의 반려견 '꿈'과 함께 하는 삶은 너무 행복하다. 동물에 대한 애정이 깊어지면서 직업으로써 동물을 만나는 사람들의 이야기가 궁금해졌다. 어린 시절부터 호기심이 많아 다양한 직업에 관심을 가졌었고 다양한 꿈을 꾸었지만, 정작 그 직업이 어떤 일을 하고 어떤 과정을 거쳐야만 될 수 있는지는 알 수 없었다. '어떻게 되었  을까?' 도서를 통해 현직 직업인에게 생생한 이야기를 전해 듣는다면 해당 분야의 직업을 꿈꾸는 학생에겐 너무 큰 도움이 될 것 같았다. 이 책의 취지에 깊이 공감하며 나의 관심사를 담은 '동물조련·사육사편'을 준비하게 되었다. 나와 같은 고민의 과정을 겪는 학생들에게 작은 도움이 되었으면 하는 마음으로 현직 직업인들을 만났고, 그들의 이야기를 이 책에 담았다.

● '반려견 훈련사' 강시우 훈련사님

매일을 강아지들과 함께 하는 훈련사님의 일상이 참 행복해보였다. 고등학생 때부터 훈련사의 길을 걸어오신 강시우 훈련사님의 인터뷰 속에서 강아지에 대한 깊은 사랑이 느껴졌다. 특히 '유기견 없는 세상을 만들고 싶다.'는 훈련사님의 말이 가장 인상 깊었다. 반려견과 관련한 TV 프로그램이 많아지면서 반려견 훈련사를 꿈꾸는 청소년들이 많아지고 있다. 탐지견 핸들러와 반려견 훈련사의 경력을 두루 갖춘 강시우 훈련사님의 이야기가 반려견 훈련사가 되기 위한 과정을 더 폭넓게 이해할 수 있는 계기가 되지 않을까 기대가 된다.

● '포유류 사육사' 강건희 사육사님

인터뷰를 진행하면서 사육사님께서 반달곰에 대한 전문적인 지식을 이해하기 쉽게 전달해주신 덕분에 더욱 몰입할 수 있었다. 인터뷰를 마치고 가장 놀라웠던 사실은 사육사님께서 기계공학 전공자라는 사실이었다. 동물에 대한 관심과 오랜 사육 경험을 통해 쌓아온 전문성은 단연 최고였다. 사육사님의 인터뷰를 통해 학습을 통한 지식도 중요하지만, 경험을 통해 얻는 지식이 실무에 있어 큰 도움이 된다는 것을 다시금 깨달았다. 아빠미소를 지으며 반달곰과 함께 하는 생생한 일상을 전해주신 사육사님께 감사한 마음을 전하고 싶다.

● '맹금류 조련사' 김원섭 조련사님

처음 섭외 요청을 드렸을 때, 꼭 참여하고 싶다며 굳은 의지와 열정을 보이셨던 조련사님의 모습이 눈에 선하다. 적극적으로 문항을 더 추가해서 진행하는 것이 어떠냐는 의견을 주시는 조련사님의 열정에 덩달아 더 열심히 인터뷰하며 원고를 써나갔던 것 같다. 함께 시너지를 낼 수 있는 분을 만날 수 있어 행복했고, 앞으로 맹금류 훈련사로서 더 큰 미래를 그려갈 김원섭 조련사님을 진심으로 응원하게 되었다. 김원섭 조련사님의 열정이 이 책을 보는 청소년들에게도 전해져 긍정 시그널이 되길 바라는 마음이다.

● '파충류 사육사' 배주성 사육사님

바쁜 일정 속에서도 흔쾌히 인터뷰를 승낙해주시고 함께 해주셨던 배주성 사육사님. 다른 사육사님들과는 다르게 첫 인연을 맺은 동물이 뱀이었다는 것이 가장 놀라웠다. 동물과의 교감을 중요시하며 더 많은 경험과 지식을 쌓기 위해 노력해오셨기에 지금 특수 동물 담당 사육사로써 큰 활약을 하고 계시지 않은가 하는 생각을 하게 했다. 파충류만의 매력을 솔직하게 전해주셨던 사육사님의 이야기 덕분에 색다른 인터뷰를 경험할 수 있었고, 다채로운 에피소드를 담을 수 있었다.

● '말 조련사' 양인혁 조련사님

　　제주에서 승마클럽을 운영하시는 김대환 코치님의 추천으로 양인혁 조련사님을 만나게 되었다. 부족함이 많아 도움이 될지 모르겠다며 조심스럽게 인터뷰에 응해주셨던 조련사님의 첫 모습이 기억에 남는다. 조련사님의 경험담은 말에 대한 관심이 적었던 사람조차 관심을 갖게 하는 매력이 있었다. 말과 교감하며 그들의 컨디션을 최상으로 끌어올릴 수 있도록 훈련시키는 조련사님의 생생한 업무 일과를 고스란히 담고자 노력했다. 솔직하고 진심 어린 조언도 잊지 않는 조련사님의 세심한 인터뷰 내용이 말 조련사를 꿈꾸는 청소년에게 큰 도움이 될 것 같다.

● '펭귄&비버 사육사' 문규봉 사육사님

　　조심스러운 제안에 너무 좋은 취지라며 공감해주시던 사육사님의 따뜻한 말씀이 기억에 남는다. 펭귄과 비버와 함께 하는 일상 속에서 사육사님이 자신의 직업에 자부심을 가지고 행복하게 보내고 있는 것이 느껴졌다. 나뭇가지를 보면 비버에게 가져주고 싶다는 본인의 직업병을 말씀하신 사육사님 덕분에 덩달아 나뭇가지를 보면 사육사님께 갖다드려야 할 것 같은 기분이 든다. 인터뷰 내내 동물사육사를 꿈꾸는 친구들에게 조금이나마 도움이 될 이야기를 전하고자 했던 사육사님의 노력과 따뜻한 마음이 독자들에게 전해지길 바란다.